职业教育机械类专业"互联网+"新形态教材

中望 3D 标准教程

广州中望龙腾软件股份有限公司　组编
主编　孙　琪
参编　赵恒芳

机械工业出版社

本书以中望3D 2024软件三维设计模块作为工具，以任务实例作为"抓手"，按照"互联网+"的思维模式，针对三维建模、参数化设计与工程图、制造等功能进行了全面细致的讲解，内容涵盖一般工程设计的常用功能，由浅到深、循序渐进地介绍了中望3D 2024软件的基本操作及命令的使用，包括软件应用基础、产品设计草图绘制、产品零件三维建模、产品零件装配设计、创建零件与装配工程图、多轴数控加工程序编制六个项目。每个项目都选取一个独立的实操案例进行详细讲述，图文并茂，使读者能既快、又深入地理解中望3D软件的抽象概念和功能。

为方便自学，本书配套有实训习题图册，各学习任务均配有操作短视频，学习过程中可扫描二维码观看。为方便教学，本书配有实例素材源文件、操作短视频、电子课件（PPT格式）等，凡使用本书作为教材的教师可登录机械工业出版社教育服务网（http://www.cmpedu.com），注册后免费下载。

本书可作为职业院校机械类相关专业教材，也可供从事机械、模具设计、制造和产品设计等工作的工程技术人员学习参考。

图书在版编目（CIP）数据

中望3D标准教程/孙琪主编. —北京：机械工业出版社，2024.5
（2025.1重印）

职业教育机械类专业"互联网+"新形态教材

ISBN 978-7-111-75413-8

Ⅰ.①中… Ⅱ.①孙… Ⅲ.①计算机辅助设计-应用软件-职业教育-教材 Ⅳ.①TP391.72

中国国家版本馆CIP数据核字（2024）第058596号

机械工业出版社（北京市百万庄大街22号　邮政编码100037）
策划编辑：黎　艳　　　　　责任编辑：黎　艳
责任校对：樊钟英　梁　静　封面设计：鞠　杨
责任印制：常天培
北京宝隆世纪印刷有限公司印刷
2025年1月第1版第2次印刷
210mm×285mm·12.5印张·331千字
标准书号：ISBN 978-7-111-75413-8
定价：55.00元

电话服务　　　　　　　　　网络服务
客服电话：010-88361066　　机　工　官　网：www.cmpbook.com
　　　　　010-88379833　　机　工　官　博：weibo.com/cmp1952
　　　　　010-68326294　　金　书　网：www.golden-book.com
封底无防伪标均为盗版　机工教育服务网：www.cmpedu.com

本书以具有自主知识产权的国产三维工业软件——中望3D软件作为工具，以任务实例作为"抓手"，按照"互联网+"的思维模式，针对三维建模、参数化设计与工程图、制造等功能进行了全面细致的讲解，具有以下特色：

一、立德树人、价值引领

本书全面落实立德树人的根本任务，在编写中坚持正确的政治方向和价值导向，深入挖掘教学素材中蕴含的素养元素，弘扬职业精神、工匠精神和劳模精神，注重职业道德和职业素养的提升，引导学生树立正确的世界观、人生观和价值观。

二、岗课赛证、综合育人

经国务院批准，由人力资源和社会保障部主办的中华人民共和国第二届职业技能大赛于2023年9月在天津举办（简称"全国技能大赛"，是我国目前规格最高、赛项最多、规模最大、水平最高、影响最广的综合性国家职业技能赛事。国赛精选项目46个，世赛选拔项目63个），其中"CAD机械设计"赛项、"增材制造设备操作"赛项，均采用了中望3D、中望CAD软件进行比赛。

为落实教育部等四部门印发的《关于在院校实施"学历证书+若干职业技能等级证书"制度试点方案》的要求，按照"1+X"《机械产品三维模型设计职业技能等级标准》要求，该项职业技能等级证书考试中采用了中望3D、中望CAD软件进行工程制图、三维建模、装配设计等模块的考核鉴定。

本书助力"岗课赛证"融通实施，服务于全国更多院校的人才培养与教学改革，符合学生学习的认知特点与学习习惯，符合技术技能人才成长规律，将知识传授与技术技能培养并重，强化学生职业素养养成和专业技术积累。

三、技能需求、驱动编写

本书由校企合作联合编写，紧跟产业发展趋势和行业人才需求，及时将产业发展的新技术、新工艺、新规范纳入教材内容。为提高学生比赛技能以及以赛促学，促进课堂学习，将知识变得更加直观，便于学生理解与学习，本书采用任务驱动编写模式，分6个项目情境学习单元，项目模块下又细分为31个任务，每个任务都选取一个源于企业的典型工程案例进行详细讲述。

四、教学资源、丰富多彩

为落实党的二十大报告中关于"推进教育数字化"的要求，本书运用"互联网+"技术，添加了数字化资源，能够引导学生探索新知识，有利于激发学生自主学习。为方便自学，本书各学习任务均配有操作短视频，学习过程中可扫描二维码观看。为方便教学，本书配有实例素材源文件、操作短视频、电子课件（PPT格式）等，凡使用本书作为教材的教师可登录机械工业出版社教育服务网（http://www.cmpedu.com），注册后免费下载。

本书的文字、图片、中望3D软件、图样（部分）、配套资源（部分视频）及商标的知识产权均为广州中望龙腾软件股份有限公司（作为著作权人之一）所有，享有著作权保护。

由于编者水平有限，书中难免有疏漏和不妥之处，敬请读者批评指正（咨询电话：010-88379193）。

资源素材下载QQ群1

资源素材下载QQ群2

编　者

二维码索引

序号	名称	二维码	页码	序号	名称	二维码	页码
1	快捷操作工具		3	12	线框曲线绘制与编辑		20
2	认识初始界面		5	13	编辑曲线与草图		26
3	初识设计环境		6	14	约束编辑		32
4	系统设置		6	15	阀体三维建模步骤1-3		35
5	数据管理		6	16	阀体三维建模步骤4-5		37
6	绘制阀体主特征草图步骤1-2		10	17	阀体三维建模步骤6-7		38
7	绘制阀体主特征草图步骤3-4		11	18	阀体三维建模步骤8-10		40
8	绘制扳手主特征草图步骤1-3		12	19	阀体三维建模步骤11-13		41
9	草图环境设置		14	20	扳手三维建模步骤1-3		42
10	草图绘制常用命令		19	21	扳手三维建模步骤4-6		43
11	绘制3D草图		19	22	扳手三维建模步骤7-10		44

(续)

序号	名称	二维码	页码	序号	名称	二维码	页码
23	阀芯三维建模		46	35	阀杆（子装配）步骤		80
24	阀杆三维建模		47	36	球阀（总装配）步骤1-12		83
25	填料压盖三维建模		49	37	球阀（总装配）步骤13-19		87
26	下、上料垫三维建模		51	38	关联参考设计步骤1-3		89
27	调整垫三维建模		52	39	关联参考设计步骤4-5		90
28	密封圈三维建模		52	40	关联参考设计步骤6-8		90
29	基础造型		53	41	插入标准件步骤1-2		92
30	工程特征		58	42	验证装配与修改参数		93
31	编辑模型		64	43	曲轴连杆机构运动仿真动画		94
32	曲面创建		67	44	装配设计概述		97
33	曲面编辑		67	45	爆炸视图和动画设计		103
34	基础编辑		67	46	创建视图		107

(续)

序号	名称	二维码	页码	序号	名称	二维码	页码
47	添加注释与符号		109	60	孔加工		144
48	创建工程图		116	61	2轴铣削加工		146
49	图纸模板		117	62	实体建模-叉架支座		TC 13
50	参数设置		118	63	实体建模-三通管		TC 13
51	样式管理器		118	64	实体建模-盘罩		TC 13
52	添加视图		119	65	实体建模-管道		TC 13
53	剖视图1		121	66	实体建模-斜凸台		TC 13
54	剖视图2		121	67	实体建模-水壶		TC 13
55	剖视图3		121	68	曲面零件设计-水杯		TC 14
56	加工系统		127	69	曲面零件设计-手表表壳		TC 14
57	3轴粗加工与精加工和切削与雕刻		127	70	曲面零件设计-五金把手		TC 14
58	曲面零件5轴切削加工		133	71	曲面零件设计-钻石对戒		TC 14
59	车削加工		144	72	曲面零件设计-瓶子		TC 14

目录

前言
二维码索引
项目一　软件应用基础 …………………… 1
　任务学习目标 …………………………… 1
　典型工作任务 …………………………… 1
　　任务1.1　中望3D软件安装 ………… 1
　　任务1.2　UI自定义设置 …………… 2
　　任务1.3　工作目录设置 …………… 4
　项目知识拓展 …………………………… 4
　　课题一　软件激活与界面认识 ……… 4
　　课题二　数据管理与基本设置 ……… 6
项目二　产品设计草图绘制 ……………… 9
　任务学习目标 …………………………… 9
　典型工作任务 …………………………… 9
　　任务2.1　绘制阀体主特征草图 …… 10
　　任务2.2　绘制扳手主特征草图 …… 12
　项目知识拓展 …………………………… 14
　　课题一　创建草图 …………………… 14
　　课题二　草图基本设置与操作 …… 17
　　课题三　草图绘制常用命令 ……… 19
　　课题四　编辑曲线常用命令 ……… 26
　　课题五　编辑草图常用命令 ……… 28
　　课题六　约束编辑 …………………… 32
项目三　产品零件三维建模 …………… 34
　任务学习目标 ………………………… 34
　典型工作任务 ………………………… 34
　　任务3.1　阀体三维建模 …………… 35
　　任务3.2　扳手三维建模 …………… 42
　　任务3.3　阀芯三维建模 …………… 45
　　任务3.4　阀杆三维建模 …………… 47
　　任务3.5　填料压盖三维建模 ……… 49
　　任务3.6　料垫、密封圈三维建模 … 51
　项目知识拓展 ………………………… 52
　　课题一　基本建模概念 …………… 52
　　课题二　基础造型 …………………… 53
　　课题三　工程特征 …………………… 58
　　课题四　编辑模型 …………………… 64
　　课题五　基础编辑 …………………… 67
　　课题六　变形 ………………………… 71
　　课题七　三维建模注意事项 ……… 74
项目四　产品零件装配设计 …………… 79
　任务学习目标 ………………………… 79
　典型工作任务 ………………………… 79
　　任务4.1　创建阀杆装配（子装配）… 80
　　任务4.2　创建球阀装配（总装配）… 83
　　任务4.3　关联参考设计 …………… 89
　　任务4.4　插入标准件 ……………… 92
　　任务4.5　验证装配与修改参数 …… 93
　　任务4.6　曲轴连杆机构运动仿真
　　　　　　动画 ………………………… 94
　项目知识拓展 ………………………… 97
　　课题一　装配设计概述 …………… 97
　　课题二　装配设计注意事项 ……… 98
项目五　创建零件与装配工程图 …… 106
　任务学习目标 ………………………… 106
　典型工作任务 ………………………… 106
　　任务5.1　创建产品零件工程图 …… 107
　　　5.1.1　创建视图 ………………… 107
　　　5.1.2　添加注释与符号 ………… 109
　　任务5.2　创建产品装配工程图 …… 111
　　　5.2.1　创建视图 ………………… 111
　　　5.2.2　添加注释和符号 ………… 112
　　　5.2.3　创建BOM表 ……………… 114
　项目知识拓展 ………………………… 116
　　课题一　工程图概述 ……………… 116
　　课题二　创建工程图 ……………… 119
项目六　多轴数控加工程序编制 …… 126
　任务学习目标 ………………………… 126
　典型工作任务 ………………………… 126
　　任务6.1　创建二维偏移快速铣削粗

　　　　　加工刀轨 …………………… 126
任务 6.2　创建平行铣削精加工刀轨 … 128
任务 6.3　创建三维偏移切削精加工
　　　　　刀轨 ………………………… 128
任务 6.4　创建驱动线切削刀轨 ……… 129
任务 6.5　创建三维流线切削刀轨 …… 131
任务 6.6　创建等高线切削刀轨 ……… 131
任务 6.7　创建角度限制精加工刀轨 … 132
任务 6.8　5 轴平面平行切削加工曲面
　　　　　工件 ………………………… 133
任务 6.9　5 轴侧刃切削加工叶轮
　　　　　叶面 ………………………… 135
任务 6.10　5 轴驱动线切削加工

　　　　　牙槽 ………………………… 137
任务 6.11　5 轴流线切削加工叶轮
　　　　　端面和轮毂 ………………… 139
任务 6.12　5 轴分层切削加工叶轮
　　　　　轮毂顶部 …………………… 143
项目知识拓展 …………………………… 144
课题一　输出 FANUC 数控机床 NC
　　　　代码 ………………………… 144
课题二　2 轴铣削策略 ………………… 146
课题三　2 轴铣削工序的典型参数 …… 147
课题四　刀具管理 ……………………… 149
实训习题图册

项目一 软件应用基础

中望 3D 软件是一款功能强大、具有自主知识产权的 CAD/CAM 一体化国产三维软件,包含实体建模、曲面造型、装配设计、工程图、模具设计、2~5 轴加工、钣金设计等功能模块,具有兼容性强、易学易用等特点;中望 3D 软件完美兼容 NX(德国西门子 Siemens PLM Software)、Solid Edge(德国西门子 Siemens PLM Software)、CATIA(法国达索 Dassault Systemes)、SolidWorks(法国达索 Dassault Systemes)、Inventor(美国欧特克 Autodesk)、Creo(美国参数技术)等国际主流三维 CAD 工业软件的最新格式,并全面兼容 *.x_t、*.stp、*.iges、*.jt、*.dwg、*.cat 等中间格式文件(图 1-1);可直接从二维 CAD 复制对象到中望 3D 软件中,减少转换频率和数据错误率,交互更灵活。

图 1-1 全面兼容各种中间格式文件

任务学习目标

1. 能够完成中望 3D 软件的安装。
2. 能够在中望 3D 软件中进行 UI 自定义设置。
3. 能够在中望 3D 软件中创建一个工作目录。

典型工作任务

任务实施步骤

任务 1.1 中望 3D 软件安装

在安装中望 3D 软件之前,请确保有一台配置较好且处于良好工作状态的计算机,表 1-1 为中望 3D 软件运行推荐配置。

表 1-1 中望 3D 软件运行推荐配置

需求项	推荐配置	需求项	推荐配置
操作系统	Microsoft® Windows7_SP1 或 Microsoft® Windows10	独立显卡	OpenGL3.1 或以上 NVIDIA Quadro FX580@ 512MB 或以上
处理器	Intel® Core™ 5 或以上		
内存	8G 或以上		

安装步骤：

步骤 01 如图 1-2 所示，右击中望 3D 安装程序，选择"以管理员身份运行"选项。

步骤 02 在安装界面中指定安装路径，单击"立即安装"按钮，进入到软件安装程序，完成中望 3D 软件的安装，如图 1-3 所示。

图 1-2　以管理员身份运行

 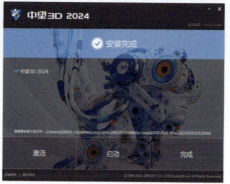

图 1-3　选取安装路径完成中望 3D 软件的安装

步骤 03 双击桌面快捷图标 ，加载并打开中望 3D 软件。图 1-4 为中望 3D 软件开启加载界面。

图 1-4　中望 3D 软件开启加载界面

任务 1.2　UI 自定义设置

在中望 3D 软件中进行 UI 自定义的入口如图 1-5 所示，在 Ribbon 空白处右击选择"自定义"选项，再单击"转换"选项，就可以向指定的标签中转移命令。同时也可以重新排列这些命令的顺序。

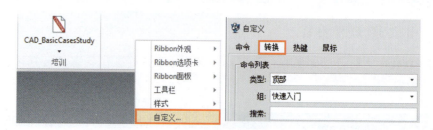

图 1-5　UI 自定义

在图 1-6 所示的"开始"面板中所包括的三个命令是中望 3D 软件启动时默认显示的，这三个命令在自定义之前就出现了。如果不想在"开始"面板中显示"模具项目"选项,而是想显示"应用程序管理器",这时可以取消勾选"模具项目",并把"应用程序管理器"命令从左边"命令列表"中拖到"开始"面板中,如图 1-7 所示。

设置步骤:

步骤 01 取消勾选"模具项目",或者直接右击并删除。

步骤 02 在"命令列表"中选择"应用程序管理器"选项,然后按住鼠标左键并将其拖入"开始"面板中。

步骤 03 单击"应用"选项,再单击"确定"按钮,第一个简单的用户自定义界面就完成了。

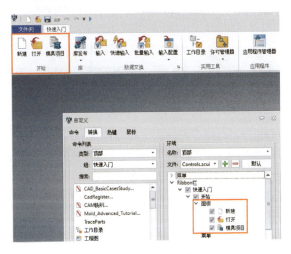

图 1-6 自定义之前

图 1-7 自定义之后

> **说明:** 除此之外,如图 1-8 和图 1-9 所示,在中望 3D 中可以基于键盘定义热键,基于鼠标定义鼠标中键和右键行为,三键滚轮鼠标的功能及操作说明见表 1-2。

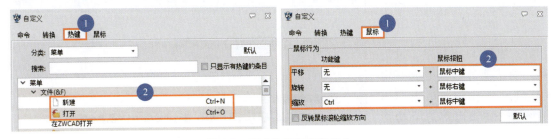

图 1-8 定义热键与鼠标行为

表 1-2 三键滚轮鼠标的功能及操作说明

鼠标按键	功能	操作说明
左键	选择菜单、对象和对话框中的选项	单击"左键"
	相切	<Shift>+"左键"
中键(滚轮)	确定	单击"中键",相当于<Enter>键
	放大或缩小	滚动"中键"可以实现模型的放大或缩小
	平移	按住"中键"移动可以平移模型视图
右键	旋转	按住"右键"移动可以旋转模型视图
	弹出快捷菜单	单击"右键"弹出快捷键

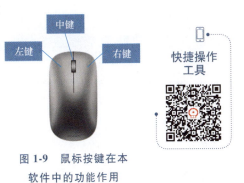

图 1-9 鼠标按键在本软件中的功能作用

任务 1.3　工作目录设置

当需要在中望 3D 软件创建一个大型项目时，因为这种项目通常包含了很多文件且需要较长时间完成，这时创建工作目录就非常必要，可以节省很多在不同文件夹进行切换的时间，让整个工作过程变得更加流畅和高效。

设置步骤：

步骤 01　打开中望 3D 软件，直接在"快速入门"标签下选择"工作目录"命令，如图 1-10 所示。

图 1-10　设置工作目录

步骤 02　选择已有的文件夹或者创建新的文件夹，然后单击"确定"按钮。这时就可以快速访问其中的文件，同时，这个文件夹也定义了默认保存路径。

项目知识拓展

课题一　软件激活与界面认识

1. 中望 3D 软件激活

如果是第一次安装全新的中望 3D 软件，将会自动获得 30 天的试用期，如图 1-11 所示。可以使用除 5 轴功能外的其他所有中望 3D 软件功能模块。试用期满时，保存/导入/导出等若干功能将被限制使用。

对于常见的单机号，其激活步骤是：进入"许可管理器"界面，单击"激活"→"软加密在线激活"选项，粘贴激活号→校验→填写用户信息→完成激活→进入中望 3D 软件初始界面，如图 1-12 所示。

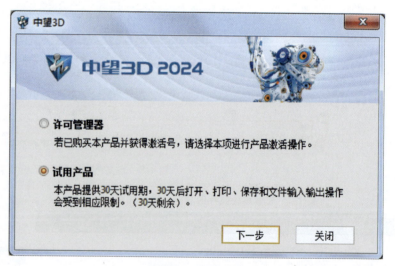

图 1-11　试用产品

为顺利激活单机号，请确保不是在远程进行激活。当激活不成功时，尝试关掉防火墙并将端口从白名单中移除后再次激活。

> **注意：**对于浮动授权，因为需要在一台服务器上激活后用户才能从这台服务器上获取授权，所以，这种方式更适合有多个节点需求的客户。

图 1-12 中望 3D 软件激活后的初始界面

2. 用户角色设置

第一次启动中望 3D 软件时，系统会提示选择用户角色，如图 1-13 所示。当选择"专家"角色时，中望 3D 软件所有的命令和模块将会被加载并在界面上显示。如果想从最基本的功能开始，建议选择"初级"角色，这样能够确保在开始学习的过程中接触到的命令都是中望 3D 软件最主要的功能和命令。也可以在任何时候在"角色管理器"中切换角色，如图 1-14 所示。

3. 界面简介

图 1-15 所示是在中望 3D 软件中创建一个新零件时的默认界面。图 1-16 所示是中望 3D 软件默认建模设计界面，可以通过界面最顶部的小三角图标控制传统菜单的隐藏与显示。界面左边是管理器区域，可以通过右下角第一个图标控制其显示与隐藏。界面右上角区域搜索框右边第一个图标是中望 3D 软件的配置入口。

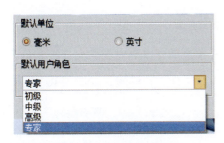

图 1-13 用户角色设置

图 1-14 角色管理器

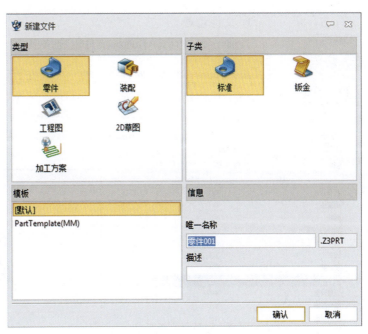

图 1-15 在中望 3D 软件新建一个新零件

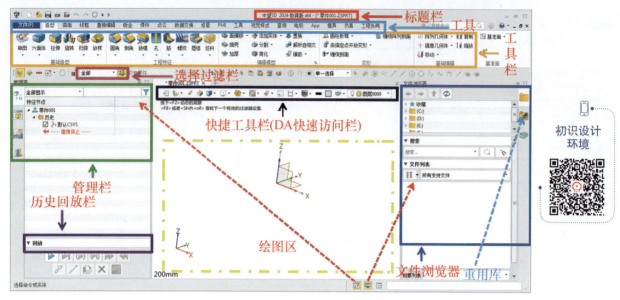

图 1-16　中望 3D 软件默认建模设计界面

如果想更改界面语言和背景颜色,可以在"配置"对话框"通用"和"背景色"选项中去更改界面显示语言和绘图区背景色,如图 1-17 所示。

图 1-17　更改界面语言和绘图区背景色

课题二　数据管理与基本设置

数据管理

1. 文件管理

目前中望 3D 软件有两种文件管理类型,一种是多对象文件,相比于其他 3D 软件,多对象文件是中望 3D 软件特有的一种文件管理方式,这里可以同时把中望 3D 软件零件/装配/工程图和加工文件放在一起以一个单一的 Z3 文件进行管理,如图 1-18 所示。

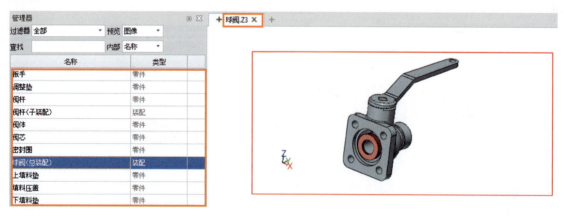

图 1-18　多对象文件

另一种类型是单对象文件，即零件/装配/工程图和加工文件都被保存成单独的文件。这是一种常见的文件保存类型，也是其他常见 3D 软件采用的文件类型。在中望 3D 软件中，单对象文件类型不是默认类型，需要在"配置"对话框中的"通用"项勾选此类型后才能生效，如图 1-19 所示。

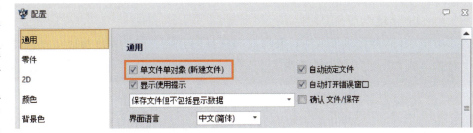

图 1-19　勾选单对象文件选项

> **注意**：如果需要配合 PDM（Product Data Management）或者 PLM（Product Life Management）系统，这里强烈推荐使用单对象文件类型。

2. 文件备份

不论计算机的硬件或者软件有多好，也无法避免一些意外事件的发生，如突然断电或者软件闪退等。所以，养成良好的备份习惯将会避免很多潜在风险。中望 3D 软件有两种备份方式可供选择，一种是自动备份，另一种是手动备份。

（1）自动备份

在中望 3D 软件创建一个新文件（*.Z3）时，默认的备份文件（*.Z3.z3bak）将会被生成和保存。这个备份文件是一个隐藏文件，与刚新创建的文件处于同一个文件夹中，如图 1-20 所示。

图 1-20　自动备份文件

> **注意**：
> ➢ 系统备份只有在一天内第一次保存时执行备份操作，这意味着后续的保存将不会被备份。
> ➢ 可以直接把备份文件的后缀从 *.Z3.z3bak 改成 *.Z3。

（2）手动备份

对于手动备份，在使用之前需要在配置表中先进行设置，如图 1-21 所示。首先，在"文件备份的最大数量"选项中输入一个合适的数量；然后，设置备份路径，这里建议文件保存和备份路径一致，这样方便管理和复用。

最后，单击"应用"和"确定"按钮，这样在保存时一个新的备份文件将被创建。图 1-22 所示是一个样例，原文件是常规 Z3 文件（Part001.Z3），因为这里在"文件备份的最大数量"选项中输入 5，所以当执行第六次备份时，第一个备份文件（Part001.1.z3bak）将会被自动删除。

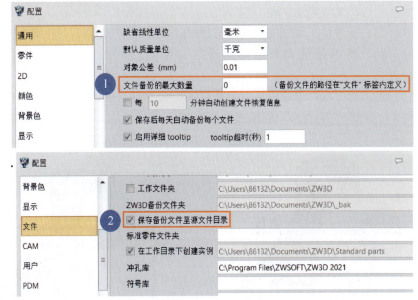

图 1-21　手动备份

为了确保目标备份文件安全，需要增加文件备份的最大数量，或者删除不想要的备份文件。

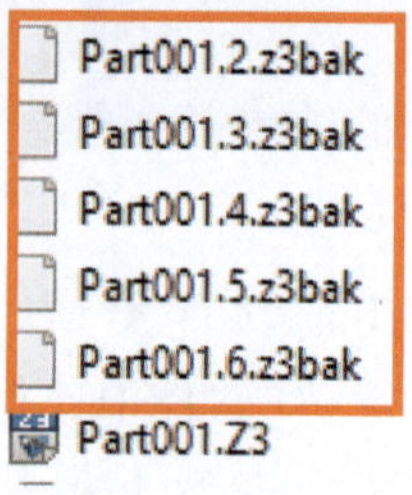

3. 对象选择

中望3D软件提供了多种对象拾取和选择的方式，可以直接选取一个或者多个对象，或者用过滤器进行选择。

（1）单选与多选

如果想选择单个对象，可以直接在图形区进行选择。如果想取消选择，则需要按住<Ctrl>键。也可以按住<Shift>键进行连续选择，如图1-23所示。

图1-22 备份文件与原文件

图1-23 用<Shift>键进行连续选择

（2）使用过滤器选择

在很多时候，为了更快、更容易地进行对象选择，最好先在"过滤器列表"中选择对象类型。如图1-24所示，在"过滤器列表"中选择"特征"选项，这时候当鼠标在模型上移动时，只有特征类对象会高亮显示。

（3）选择隐藏对象

有时想要选择的对象位于模型内部或者被其他对象所覆盖，在中望3D软件中有两种方法去选择这些隐藏对象。

第一种方法，如图1-25所示，按住<Alt>键，同时将鼠标移动到想要选择的对象的位置。

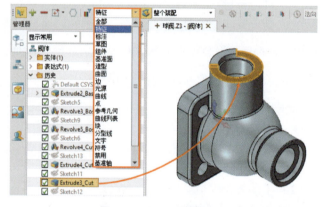

图1-24 使用过滤器选择

第二种方法，是在隐藏对象所在的位置单击右键，进入"从列表拾取"选项，然后从列表中选择对象，如图1-26所示，隐藏的面被选取。

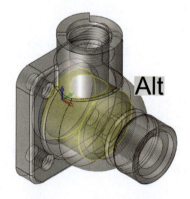

图1-25 使用<Alt>键选择

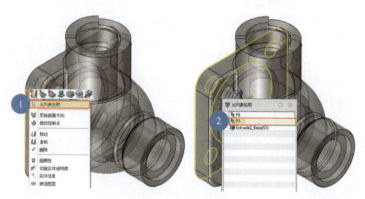

图1-26 从列表拾取

项目二

产品设计草图绘制

草图模块是三维 CAD 建模过程中最基本的模块。对于实体建模，绝大多数时候是从二维草图绘制开始的。草图用来创建特征和定义横截面形状。二维草图可以被绘制在基准面或者任何平面上。即使草图不会被作为最终的设计文件呈现出来，但它却常常记录着特征或者整个零件最重要的设计概念。

任务学习目标

1. 能够使用绘图、添加约束、快速标注、重叠查询等命令完成阀体主特征草图的绘制。

2. 能够使用草图、相等约束、角度标注、线性标注完成扳手主特征草图的绘制。

3. 能够使用绘图、曲线、编辑曲线、约束、标注、基础编辑等草图绘制操作面板上的命令（图2-1）完成复杂草图特征的绘制。

图 2-1　草图绘制操作面板上的命令

典型工作任务

任务完成目标

完成图2-2和图2-3所示的草图绘制任务。

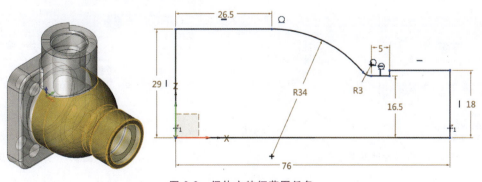

图 2-2　阀体主特征草图任务

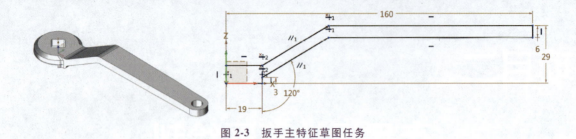

图 2-3 扳手主特征草图任务

任务实施步骤

使用中望 3D 软件进行精细化草图的绘制。

任务 2.1 绘制阀体主特征草图

如图 2-4 所示的旋转特征是阀体的主要特征之一，如图 2-5 所示的轮廓即是该特征旋转时使用的轮廓，此轮廓的详细绘制步骤如下：

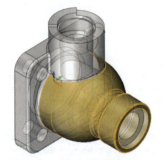

图 2-4 阀体的旋转特征

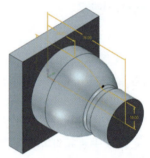

图 2-5 旋转特征使用的轮廓

步骤 01 选择合理的草绘平面。选择"造型"→"基础造型"→"草图"命令，然后选择"XZ 基准面"作为草绘平面，如图 2-6 所示。

步骤 02 绘制草图大致轮廓。

1) 这里建议使用"绘图"命令，因为这个命令可以连续绘制直线和圆弧，而不用另选其他绘制直线或者圆弧的命令。为了提高绘图效率，务必在快捷工具栏（DA 快速访问栏）打开"捕捉过滤器" ，如图 2-7 所示。

图 2-6 选择合理的草绘平面

图 2-7 开启智能选择

2) 从坐标原点开始绘制，如图 2-8 所示，依次绘制一条垂直线和水平线，这时会发现当前端点处的绿色小框中显示为直线 ，这表明当前绘图模式是在直线模式。因为接下来需要绘制圆弧，所以需要切换到圆弧模式 。如图 2-9 所示，将鼠标停留在黄色圆圈中并单击，此时，绘图模式即被切换到圆弧模式。

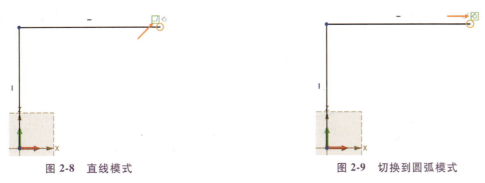

图 2-8　直线模式　　　　　　　　图 2-9　切换到圆弧模式

3）绘制圆弧，如图 2-10 所示。再次切换绘图模式为直线模式，并绘制剩余线段直至整个草图图形封闭，如图 2-11 所示。这时会发现很多几何约束已经被自动添加，这是因为绘制之前已经打开了"捕捉过滤器"功能。

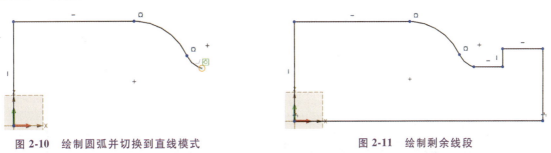

图 2-10　绘制圆弧并切换到直线模式　　　　　　　　图 2-11　绘制剩余线段

绘制阀体主特征草图步骤3-4

说明：为了实时掌握草图绘制状态，最好在绘制之前打开快捷工具栏（DA 快速访问栏）的相关按钮，特别是用于显示草图定义状态颜色识别功能。

步骤 03　添加合适的几何约束，直到需要添加尺寸约束。在刚开始添加几何约束时建议使用"添加约束"命令 ，因为这个命令会根据所选择的几何对象自动筛选合适的约束类型。如图 2-12 所示，选择直线和圆弧之后，可以很快将相切约束添加上去。

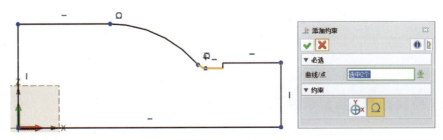

图 2-12　添加相切约束

步骤 04　添加尺寸约束，直到整个草图变为完全约束状态。

1）如图 2-13 所示，使用"快速标注"命令 ，默认的标注模式为自动模式，意味着系统可以根据选择的对象自动给出合适的标注类型。

2）如图 2-14 所示，在自动模式下，当选择一条线段后，即可直接标注这条线段的长度尺寸。

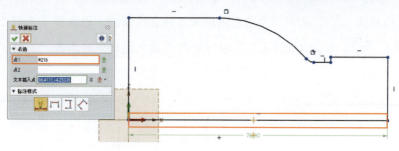

图 2-13　标注尺寸

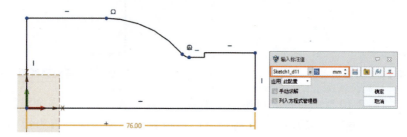

图 2-14　标注线段长度

3）如果想通过两点标注线段长度，则需要分别选择相应端点，如图 2-15 所示。

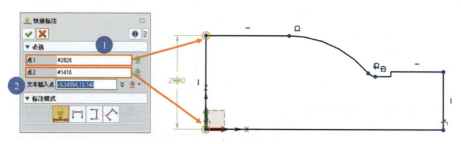

图 2-15　通过点标注尺寸

4）标注剩余尺寸，直到整个草图完全约束，如图 2-16 所示。

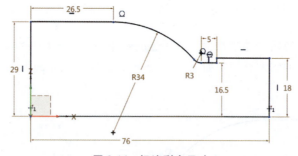

图 2-16　标注剩余尺寸

任务 2.2　绘制扳手主特征草图

如图 2-17 所示，图 a 是扳手的最终模型，会发现图 c 所示的拉伸特征是整个扳手的主特征，而绘制此拉伸特征的轮廓将是创建扳手模型的第一步，**详细的绘制步骤如下：**

步骤 01　选择合理的草绘平面。选择"造型"→"基础造型"→"草图"命令，然后选择"XZ 基准面"作为草绘平面，如图 2-18 所示。

步骤 02　绘制草图的大致轮廓并添加合适的几何约束。

项目二 产品设计草图绘制

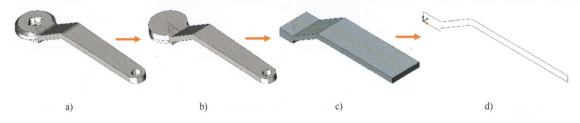

图 2-17 扳手模型创建流程

1）使用"绘图"命令 ，从坐标原点开始绘制，先绘制图 2-19a 所示的线段，绘制过程中注意保留自动添加的几何约束，如图 2-19b 所示。

2）若有些约束未在绘制过程中自动添加上去，这时可以手动添加。例如图 2-20a 所示，添加"相等"约束至上下两条线，添加后，结果如图 2-20b 所示。

3）绘制斜线。如图 2-21a 所示，绘制过程中保留平行和端点对齐约束，结果如图 2-21b 所示。

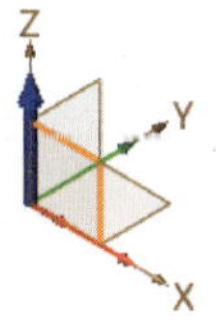

图 2-18 绘制直线选择 XZ 基准面

4）如图 2-22 所示，绘制剩余线段直到整个图形封闭。至此，整个草图大致轮廓绘制完毕，且必要的几何约束已经被添加上去。

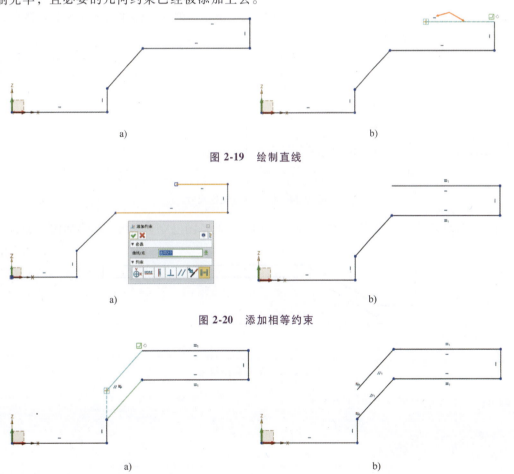

a)   b)

图 2-19 绘制直线

a)   b)

图 2-20 添加相等约束

a)   b)

图 2-21 绘制平行斜线

步骤 03 标注尺寸直至整个草图完全约束。

1）使用"角度标注"命令 标注角度尺寸"120°"，结果如图 2-23b 所示。

2）剩余的尺寸都是线性尺寸，所以既可以使用"快速标注"命令 ，也可以使用"线性标注"

13

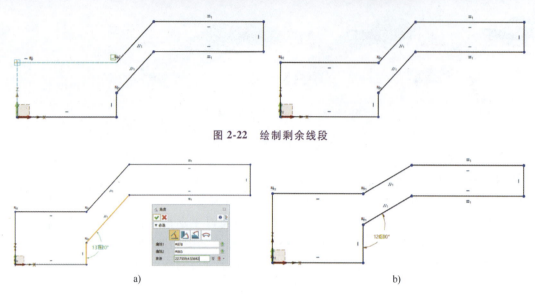

图 2-22 绘制剩余线段

图 2-23 标注角度尺寸

命令 线性。对于这个案例,这里可以尝试用"线性标注"命令,因为待标注的对象为竖直线段,故这里需要选择第二种类型,如图 2-24 所示。

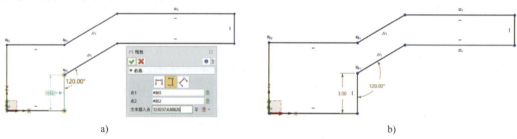

图 2-24 标注剩余线性尺寸

3)当尺寸标注完毕后,草图颜色变成蓝色,即表示此草图已完全约束,结果如图 2-25 所示。

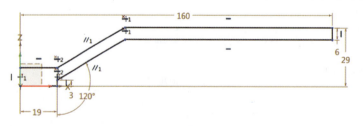

图 2-25 草图最终结果

步骤 04 检查草图轮廓并退出草绘模式。

项目知识拓展

草图环境设置

课题一 创建草图

中望 3D 软件可以创建两种基本的草图类型:一种是在建模过程中创建,本身作为一个特征隶属于零件模型本身。另外一种是创建独立草图,本身是一个独立的文件。而在建模过程中创建的草图可以在其他特征内部，也可以在其他特征外部，与这些特征平行存在于历史树中。

1. 新建草图

在大多数情况下，草图是在零件建模过程中进行创建的。因此，当创建一个新的零件并进入建模环境中后，就可以通过 Ribbon 栏选择"草图"命令进入草图绘制，如图 2-26 所示；或者在空白绘图区单击右键（右击）选择"草图"选项，如图 2-27 所示，通过这两种方式创建的草图就是外部草图，可以被其他特征复用。

另外一种常见的方式是在创建诸如拉伸/旋转/扫掠等特征时，在其内部创建草图，如图 2-28 所示，这种草图称为内部草图，只能被隶属特征使用。

图 2-26 在 Ribbon 栏选择"草图"命令创建内部草图

图 2-27 在空白绘图区单击右键创建内部草图

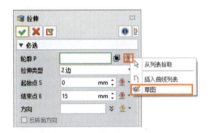
图 2-28 创建内部草图

> 创建草图的 3 种方法：
> ① 在空白绘图区右击菜单选择"草图"选项；
> ② 在 Ribbon 栏中选择"造型"→"草图"命令；
> ③ 也可以通过一些命令开始绘制草图，如单击"拉伸"→"轮廓"，输入字段，然后右击菜单选择"草图"命令。
>
> 说明：草图可以是基准面，如 XY 平面、XZ 平面以及 YZ 平面。在中望 3D 软件中，默认草图为基准面 XY。

如果想复用内部草图，则需要将其转换成外部草图。如图 2-29 和图 2-30 所示，选择内部草图，右击选择"外置草图"命令，便可将内部草图转换为外部草图。

图 2-29 内部草图

图 2-30 将内部草图转换为外部草图

2. 单独草图

如图 2-31 和图 2-32 所示，当在中望 3D 软件创建一个新文件时，可以创建单独草图文件，这将有助于灵活地使用草图中记录的设计或者布置方案等信息。

15

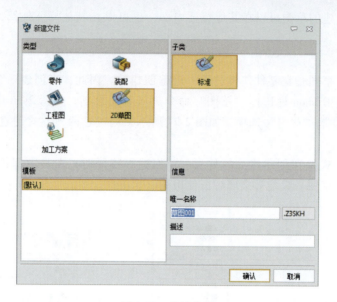

图 2-31 单独草图

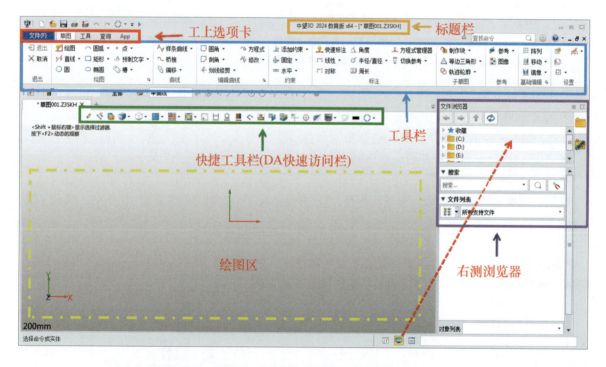

图 2-32 中望 3D 软件默认草图界面

3. 草图流程

如图 2-33 所示为中望 3D 软件的草绘流程图。

通常情况下，进入草图模块时，第一步是选择草绘平面。如图 2-34 所示，高亮的 XY 基准面被选为草绘平面，单击中键，即可进入草图环境。

4. 草图元素

在进入草绘环境后，一般需要三步去完成一个完整的草图。相应地，草图的基本要素也有三个，它们是：草图基准、草图图形本身、约束和尺寸。如图 2-35 所示，X 轴和 Y 轴是草绘基准，长方形和圆是草绘图形本身，剩下的便是草图几何形状和尺寸约束。任何一个草图，如果它被完全约束了，中望 3D 软件会将草图颜色变成蓝色，以提示用户此草图已明确。

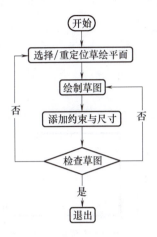

图 2-33 草绘流程图

图 2-34 选择草绘平面

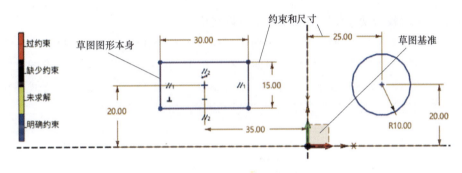

图 2-35 草图元素

课题二　草图基本设置与操作

1. 定位到草图平面

如果想要将草图平面定位到其他点，在快捷工具栏（DA 快速访问栏）中有个"平面视图"按钮，用于更改视图角度，如图 2-36 所示。

2. 打开/关闭显示开放端点

在快捷工具栏（DA 快速访问栏）打开显示开放端点，用于检查草图的连通性。当打开显示开放端点时，每条线段的端点会有个四方形，表示这条线段不是关闭的，如图 2-37 所示。

图 2-36 "平面视图"按钮

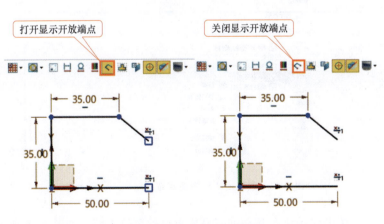

图 2-37 打开显示开放端点效果/关闭显示开放端点效果

3. 退出草图

退出草图的图标在两个地方，如图 2-38 所示。

4. 重定位草图

在修改设计后，可能需要修改草图的基准面或修改当前草图的绘图位置，会用到重定位功能。

方法 1：在 Ribbon 栏单击"草图"→"设置"→"重定位"。

通过调用重定位对话框，可以为当前的草图重新分配基准面，如图 2-39 所示。

方法 2：在历史管理器中，可以右击指定的草图，然后单击"重定位"来调用重定位对话框。在退出草图后，也可以使用这种方式在建模环境中调整草图平面，如图 2-40 所示。

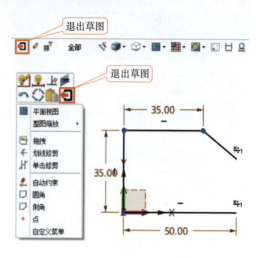

图 2-38　退出 2D 草图

一般情况下如果比较清楚即将草绘的平面，可以在草绘开始时清晰地指定草绘平面。有时候不是很明确，但草图已经在某个平面绘制了，或者因为设计需要更改草绘平面，这时候就需要重定位草绘平面。在中望 3D 软件有两种方式实现草图重定位，一种是在草图环境中的"设置"面板，选择"重定位"命令，如图 2-41 所示；另外一种方式是在建模环境中的历史特征树上直接选择草图，右击选择"重定位"命令，如图 2-42 所示。

图 2-39　"重定位"对话框

图 2-40　重定位历史管理器

图 2-41　在草图中重定位

例如，如图 2-43 所示的草图在 XY 平面，如果需要将其更改到 XZ 平面，可以在"重定位"命令中直接选中 XZ 平面，如图 2-44 所示。

图 2-42　在建模环境中重定位

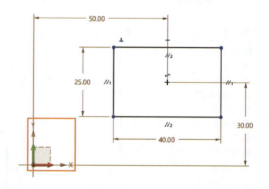

图 2-43　草图在 XY 平面

单击"确定"按钮即可完成重定位草绘平面，如图 2-45 所示。

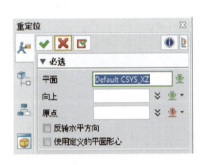

图 2-44 选择目标草绘平面

图 2-45 草图重定位结果

草图绘制常用命令

课题三　草图绘制常用命令

1. 绘制点

在 Ribbon 栏单击"草图"→"绘图"→"点" ＋。

方法 1：单击创建一个点，如图 2-46 所示。

方法 2：输入点的坐标，创建点，如图 2-47 所示。

在创建点之前，可以先在工具 Ribbon 栏"属性"→"点属性"中设置点属性。右击这个点，然后选择属性，调用"点属性"对话框进行修改，如图 2-48 所示。

图 2-46 单击创建点

绘制3D草图

图 2-47 创建带点坐标的点

图 2-48 设置或修改点属性

2. 绘制直线

（1）绘制直线

在 Ribbon 栏单击"草图"→"绘图"→"直线" 。

此命令可以通过两个点或其他参考对象绘制直线。下面将重点介绍"两点"方式和如何设置参数。

1）"锁定"长度。

当长度被锁定，不可以通过光标拖拽直线的长度，如图 2-49 所示。

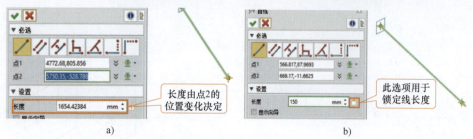

图 2-49 创建一条直线

2)"显示向导"选项。

当勾选该项后，将显示两条沿着 X 向和 Y 向的导向线，如图 2-50 所示。

3)创建构造线。

步骤01 创建一条直线。

步骤02 右击该直线，单击"切换类型"选项，将其切换成构造线，如图 2-51 所示。

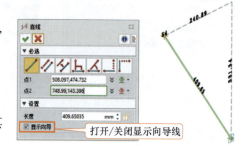

图 2-50 通过导向线创建一条线

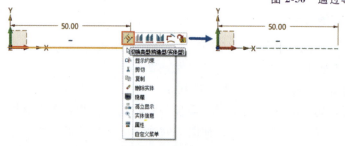

图 2-51 创建构造线

注意：再次单击"切换类型"选项，构造线会转换成实体线。

（2）绘制多段线

在 Ribbon 栏单击"草图"→"绘图"→"多段线" 。

此命令通过选择一个点一次性创建多段线，如图 2-52 所示。

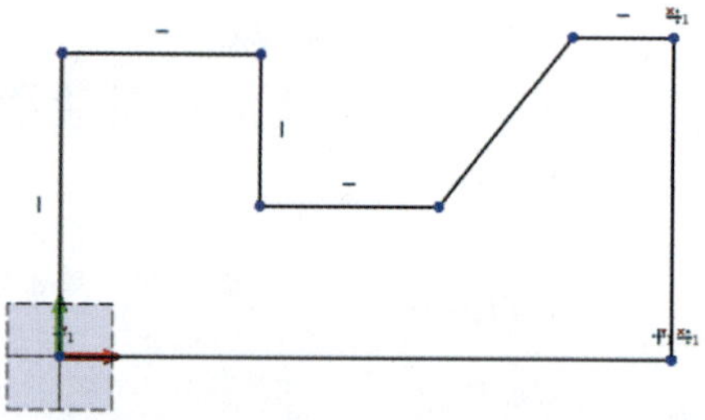

图 2-52 使用多段线绘制的图形

（3）绘制双线

在 Ribbon 栏单击"草图"→"绘图"→"双线"。

此命令可以创建一个由双线组成的多段线。

步骤01 设置双线的左宽和右宽。

步骤02 选择点，绘制一个双线。

步骤03 如果想要在直线上添加圆弧，勾选"在转角插入圆弧"选项。圆弧的半径由左宽或右宽决定，如图 2-53 所示。

注意：如果想要创建一个闭合的双线，请勾选"闭合双线"选项，如图 2-54 所示。

3. 绘制圆、圆弧以及椭圆

（1）绘制圆

在 Ribbon 栏单击"草图"→"绘图"→"圆"。

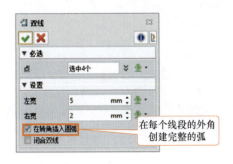

图 2-53 带圆弧的双线

此命令通过以下 5 种不同的方式来绘制圆。

1）边界方式。

通过在另一个几何体上指定圆心和边界来绘制圆，如图 2-55 所示。

2）半径方式。

这为默认绘制圆的方法。可以通过指定圆心和半径/直径的值来绘制圆，如图 2-56 所示。

3）通过点方式。

通过在圆周上指定三个点来绘制圆，这种方法有助于绘制与另一个几何体相切的圆，如图 2-57 所示。

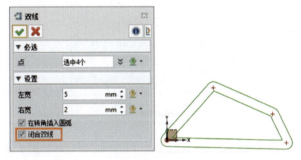

图 2-54 闭合双线

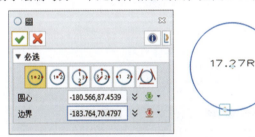
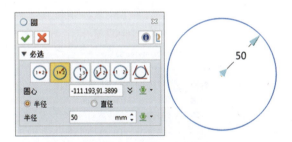

图 2-55 通过边界绘制圆　　　　　　图 2-56 通过半径绘制圆

4）两点和半径方式。

通过指定两个点和半径来绘制圆，如图 2-58 所示。

图 2-57 通过点绘制圆　　　　　　图 2-58 通过两个点和半径绘制圆

5）两点方式。

通过指定直径的两个点来绘制圆，如图 2-59 所示。

（2）绘制圆弧

在 Ribbon 栏单击"草图"→"绘图"→"圆弧" 。

步骤 01　选择两点，并定义中心。

步骤 02 　如果有几个不同结果可用，可以通过检查参数（顺时针/逆时针）或位置参数来选择一个结果，如图 2-60 所示。

想一想："G2（曲率连续）圆弧"选项是什么意思？

解答：当勾选该项时，使用曲率连续的圆弧而不是普通的圆弧。设计圆弧是一条 NURBS 曲线，与此圆弧相切匹配，但在端点处曲率为 0，如图 2-61 所示。

图 2-59　通过两点绘制圆

 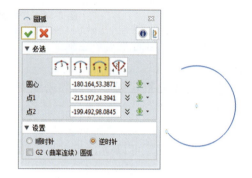

图 2-60　绘制圆弧

图 2-61　曲率连续的圆弧

（3）绘制椭圆

在 Ribbon 栏单击 "草图"→"绘图"→"椭圆" ⬭。

这里介绍 4 种方法可以灵活地创建带点椭圆。

1）中心。可以通过指定中心和外接矩形的一个角来绘制椭圆，如图 2-62 所示。

2）角点。可以指定矩形的对角线点来绘制椭圆，如图 2-63 所示。

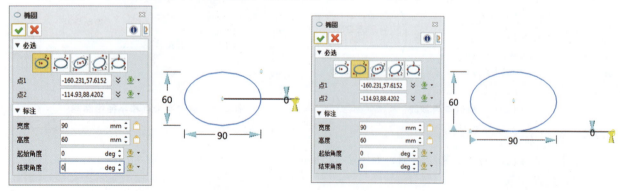

图 2-62　通过中心绘制椭圆　　　　　　　　图 2-63　通过角点绘制椭圆

3）中心-角度。基于中心的方法，它需要一个额外的参数作为椭圆的角度，如图 2-64 所示。

4）角点-角度。基于角点的方法，它需要一个额外的参数作为椭圆的角度，如图 2-65 所示。

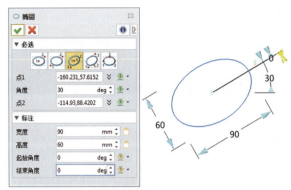

图 2-64　通过中心-角度绘制椭圆　　　　　图 2-65　通过角点-角度绘制椭圆

4. 绘制矩形和正多边形

（1）绘制矩形

在 Ribbon 栏单击"草图"→"绘图"→"矩形"。

有 4 种方法绘制矩形，类似绘制椭圆的方法。其中，最常用的方法为通过角点绘制矩形，如图 2-66 所示。

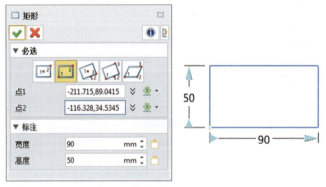

图 2-66　通过角点绘制矩形

（2）绘制正多边形

在 Ribbon 栏单击"草图"→"绘图"→"正多边形"。

步骤 01　选择绘制正多边形的方法。

步骤 02　设置几何参数，如中心、半径以及边数，如图 2-67 所示。

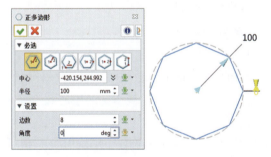

图 2-67　绘制正多边形

1）内接半径与外接半径。这两种方法通过指定圆心和半径创建与正多边形相切的圆。不同结果如图 2-68 和图 2-69 所示。

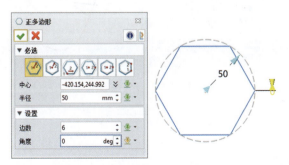 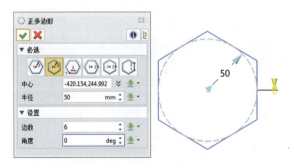

图 2-68　通过内接半径绘制正多边形　　　　图 2-69　通过外接半径绘制正多边形

2）边长。可以通过指定一个角点，然后输入边长来绘制一个正多边形，如图 2-70 所示。

3）内接边界与外接边界。这两种方法通过指定中心和边界点创建与正多边形相切的圆。不同结果如图 2-71 和图 2-72 所示。

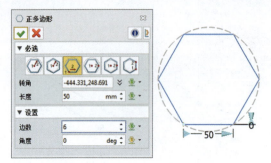

图 2-70 通过边长绘制正多边形

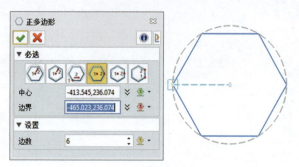

图 2-71 通过内接边界绘制正多边形

4）边长边界。可以通过指定一个角点和一个边长边界来绘制一个正多边形，如图 2-73 所示。

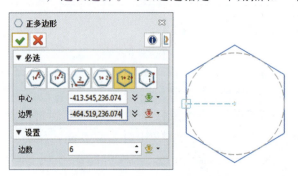

图 2-72 通过外接边界绘制正多边形

图 2-73 通过边长边界绘制正多边形

注意：在绘制了正多边形后，可以拖拽其中心重定义位置和大小。

5. 绘制槽与槽口

（1）绘制槽

在 Ribbon 栏单击"草图"→"绘图"→"槽"。

此命令可以通过指定两个圆的中心和半径来创建槽，如图 2-74 所示。

（2）绘制槽口

在 Ribbon 栏单击"草图"→"绘图"→"槽口"。

此命令可以在曲线上创建槽口，如图 2-75 所示。

图 2-74 绘制槽

图 2-75 绘制槽口

6. 绘制样条曲线

（1）点绘制曲线

在 Ribbon 栏单击"草图"→"曲线"→"点绘制曲线"。

此命令通过定义样条必须经过的点来绘制样条曲线。

步骤 01 单击选择点。

步骤 02 为每个点定义约束。展开点表，选择点，然后根据要求设置约束。如图 2-76 所示的样条曲线，它的起始点和结束点的连续性类型设置为 G1（相切）。

> 注意：如果想要创建闭合的曲线，只要取消勾选参数化中的"创建开放曲线"选项即可。

（2）点云曲线

在 Ribbon 栏单击"草图"→"曲线"→"点云曲线"。

此命令用于创建通过点云的一条开放的或闭合的曲线。此外，可以指定起点切向或终点切向，如图 2-77 所示。

注意：当在创建曲线时，不会出现曲率梳。

7. 绘制连续曲线

在 Ribbon 栏单击"草图"→"绘图"→"绘图"。

此命令通过使用绘图特征来创建连续闭合或开放的曲线，而无需在各命令间切换。

在创建连续的曲线期间，有两个符号（"连接"和"相切"）会出现在选定的点旁边。它们表示这个点的切线状态。默认状态为"连接"，再次单击将切换激活的状态，如图 2-78 所示。

通过绘图可以创建的几何体：

（1）圆弧

步骤 01 当激活的切线状态为"连接"，按住<Alt>键选中圆弧的端点。

步骤 02 选择第三个点来确定圆弧的中点，如图 2-79 中点 4 所示。

步骤 03 当画完圆弧后，单击中键。

（2）圆

步骤 01 按住<Alt>键选中圆心。

步骤 02 选择一个点作为圆的边界。

步骤 03 当画完圆后，单击中键，如图 2-80 所示。

（3）曲线通过点

步骤 01 选择一个点作为样条曲线的起始点。

步骤 02 按住<Alt>键定义第二点和第三点。

步骤 03 连续选择其他点而不用按住<Alt>键，如图 2-81 所示。

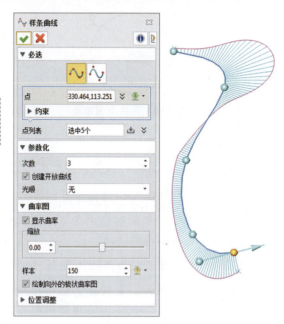

图 2-76 创建样条曲线

图 2-77 点云曲线

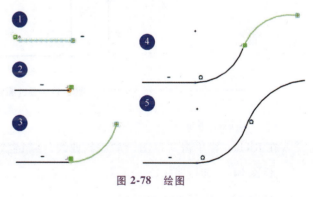

图 2-78 绘图

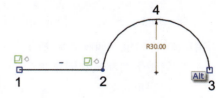

图 2-79 用绘图创建圆弧

图 2-80 用绘图创建圆

图 2-81 使用绘图创建曲线通过点

（4）偏移曲线

步骤 01 选择曲线，设置偏移距离的值。

步骤 02 如果发现在预览时方向不对，勾选"翻转方向"选项进行更改。如果想在两个方向对曲线进行偏移，只要勾选在两个方向偏移的选项。

步骤 03 勾选"在凸角插入圆弧"选项，在角点创建一个完整的圆弧，圆弧的半径等于偏移距离。如果勾选"在圆角处修剪偏移曲线"选项，圆角将根据指定的半径值在相邻的两个曲线间创建圆角，如图 2-82 所示。

步骤 04 根据需求设置其他参数，如偏移数目。

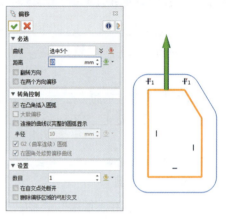
图 2-82 用偏移曲线创建圆角

课题四　编辑曲线常用命令

1. 编辑圆角和链状圆角命令

（1）圆角命令

在 Ribbon 栏单击"草图"→"编辑曲线"→"圆角"。

步骤 01 选择两条曲线，设置半径值。

步骤 02 单击中键或单击"确认"按钮完成编辑圆角，如图 2-83 所示。

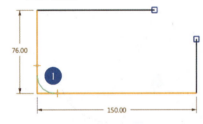 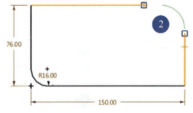 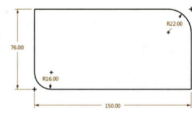

图 2-83 通过圆角命令编辑图形

（2）链状圆角命令

在 Ribbon 栏单击"草图"→"编辑曲线"→"链状圆角"。

步骤 01 选择曲线链。

步骤 02 定义半径的值。

步骤 03 单击中键或单击"确认"按钮完成编辑链状圆角，如图 2-84 所示。

2. 编辑倒角和链状倒角命令

（1）倒角命令

在 Ribbon 栏单击"草图"→"编辑曲线"→"倒

图 2-84 通过链状圆角命令编辑图形

角"▢"。

步骤 01 选择两条曲线。

步骤 02 设置两个倒角距离。

步骤 03 根据需求确定修剪和延伸的类型,单击"确认"按钮完成操作,如图 2-85 所示。

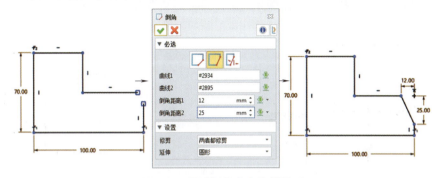

图 2-85 通过倒角命令编辑图形

> 说明:这里有三种对草图进行倒角的方法。上面的例子是使用两个倒角距离的方法。

(2)链状倒角命令

在 Ribbon 栏单击"草图"→"编辑曲线"→"链状倒角"⬡。

步骤 01 选择曲线链。

步骤 02 设置倒角距离的值。

步骤 03 单击中键,将在每组相邻的曲线间创建倒角,如图 2-86 所示。

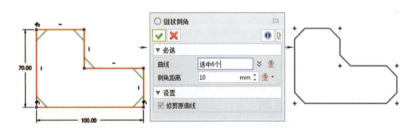

图 2-86 通过链状倒角命令编辑图形

3. 编辑修剪命令

(1)划线修剪命令

在 Ribbon 栏单击"草图"→"编辑曲线"→"划线修剪"。

当光标在实体上时,单击对其进行修剪,如图 2-87 所示。

注意:不能修剪闭合曲线,如图 2-88 所示。

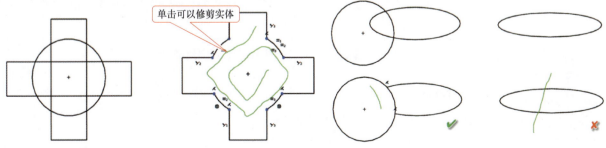

图 2-87 通过划线修剪命令编辑图形　　　图 2-88 划线修剪的可行性

（2）划线命令

在 Ribbon 栏单击"草图"→"编辑曲线"→"划线"。

该命令通过最相邻的相交或非相交曲线作为边界来修剪所选的曲线。

步骤 01　选择曲线。

步骤 02　单击"确认"按钮，完成修剪操作，如图 2-89 所示。

图 2-89　单击修剪命令编辑图形

（3）修剪/延伸命令

在 Ribbon 栏单击"草图"→"编辑曲线"→"修剪/延伸"。

步骤 01　选择要修剪或延伸的曲线。

步骤 02　选择目标曲线。

步骤 03　单击中键完成。如果所选的曲线和目标曲线相交，所选曲线将被修剪。否则它们会被延伸，如图 2-90 所示。

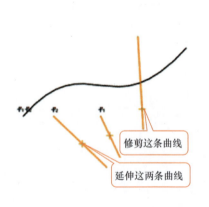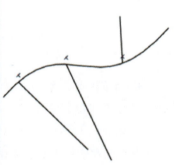

图 2-90　修剪或延伸曲线

课题五　编辑草图常用命令

1. 阵列命令

在 Ribbon 栏单击"草图"→"基础编辑"→"阵列"。

在 2D 草图环境下，有线性阵列和圆形阵列。

（1）线性阵列

步骤 01　选择一个实体。

注意：所选的实体会用橙色高亮显示。

步骤 02　指定阵列的方向和参数（如数目和间距距离）。

步骤 03　按要求确定阵列的第二个方向和参数，如图 2-91 所示。

步骤 04　选择不必要的实体，进行排除实体。然后，这些实体将变红。

图 2-91　线性阵列

（2）圆形阵列

步骤 01　选择一个实体。

步骤 02　指定圆心。

步骤 03　设置阵列参数，如数目、间距角度和区间角度，如图 2-92 所示。

步骤 04　选择不必要的实体，排除这些实体。

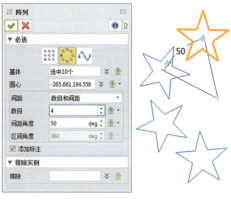

图 2-92　圆形阵列

2. 移动命令

在 Ribbon 栏单击"草图"→"基础编辑"→"移动"。

步骤 01　选择要移动的实体。

步骤 02　确定参考点和目标点。

步骤 03　根据需求，指定移动方向、角度和缩放比例，如图 2-93 所示。

图 2-93　移动实体

3. 复制命令

在 Ribbon 栏单击"草图"→"基础编辑"→"复制"。

除了移动所有参数，还可以指定复制个数。

步骤 01　选择要复制的实体。

步骤 02　确定参考点和目标点。

步骤 03　指定参数，如图 2-94 所示。

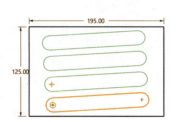

图 2-94　复制实体

4. 旋转命令

在 Ribbon 栏单击"草图"→"基础编辑"→"旋转"。

可以直接旋转实体或在复制时旋转实体。

步骤 01 选择实体，定义基点。

步骤 02 通过指定一个值来确定旋转角度（当选择"角度"选项时）或旋转点（当选择"点"选项时）。

步骤 03 选择旋转方式：移动或复制，如图 2-95 和图 2-96 所示。

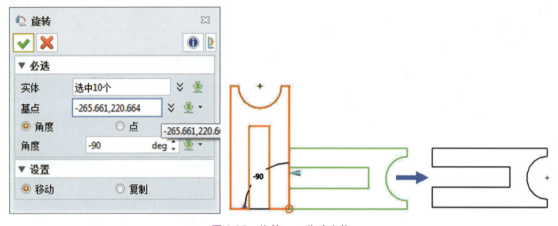

图 2-95　旋转——移动实体

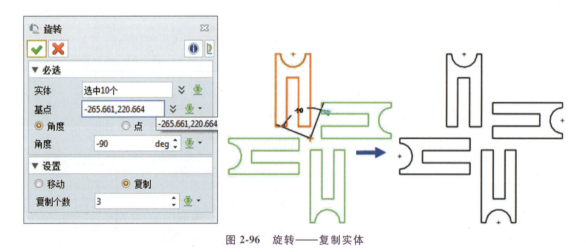

图 2-96　旋转——复制实体

5. 镜像命令

在 Ribbon 栏单击"草图"→"基础编辑"→"镜像"。

步骤 01 选择实体。

步骤 02 确定对称线（几何线或构造线）。

步骤 03 如需保留原始实体，勾选"保留原实体"选项，如图 2-97 所示。

> **注意**：当采用自动创建镜像约束时，一旦修改原实体的大小，镜像实体也会自动更新。

6. 缩放命令

在 Ribbon 栏单击"草图"→"基础编辑"→"缩放"。

步骤 01 选择缩放类型：比例或点。

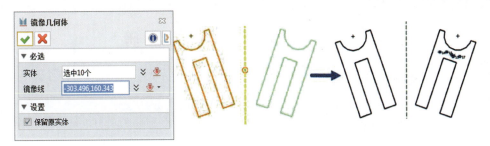

图 2-97 镜像实体

步骤 02 选择实体，定义基点。

步骤 03 选择缩放方法：均匀或非均匀。然后定义相关参数，如图 2-98 所示。

> **注意**：如果缩放类型是点，缩放值会根据点信息自动计算，如图 2-99 所示。
> （缩放值=到点与基点之间的距离/从点到基点之间的距离）

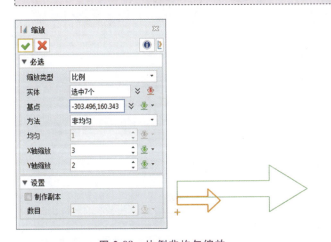

图 2-98 比例非均匀缩放　　　　图 2-99 点非均匀缩放

7. 拉伸命令

在 Ribbon 栏单击"草图"→"基础编辑"→"拉伸"。

可以拉伸确定约束和缺少约束的几何体。

步骤 01 在矩形中选择所需的点。如图 2-100a 所示，所选的点将会用绿色圆圈标识出来。

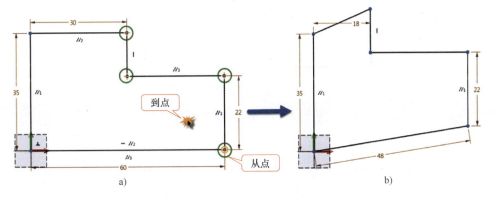

图 2-100 拉伸点

步骤 02 确定起始点和目标点。

步骤 03 选择方向：两点的方式，如图 2-100b 所示。

约束编辑

课题六 约束编辑

1. 添加约束

在 Ribbon 栏单击"约束"→"约束"→"添加约束" 。

步骤 01 选择实体(点或曲线)。

步骤 02 根据所选的实体,系统显示可用的约束类型,选择所需的类型完成约束。

下面是一个使用 7 种不同约束类型的示例,如图 2-101 所示:

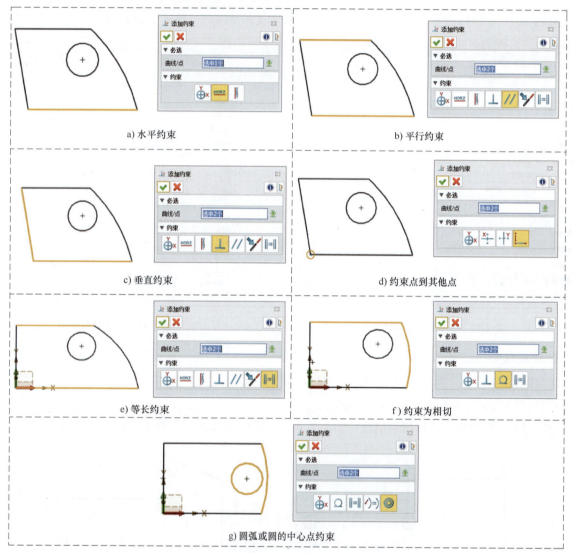

a) 水平约束　　　　　　　　　　　b) 平行约束

c) 垂直约束　　　　　　　　　　　d) 约束点到其他点

e) 等长约束　　　　　　　　　　　f) 约束为相切

g) 圆弧或圆的中心点约束

图 2-101 不同约束类型

2. 几何约束

中望 3D 软件所有几何约束都可以在"草图"标签→"约束"面板中找到,如图 2-102 所示。通常,在草绘过程中所说的约束一般是指几何约束。

在中望 3D 软件中,有两种方法去添加几何约束。一种是先选择需要约束的几何元素,然后根据系统自动提供的当前可添加的约束类型,选择其中之一,实现这种方式的命令是"自动约束",如图 2-103 所示;另一种是先选择需要添加的约束类型,然后选择待约束的几何对象,如图 2-104 所示,呈现 7 种点约束类型。

项目二　产品设计草图绘制

图 2-102　几何约束

图 2-103　自动约束

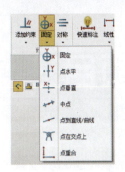

图 2-104　点约束类型

对于一个较复杂的草图，添加合理的几何约束并非一件易事。所以最好先打开约束状态颜色识别栏，这样可以实时掌握草图的约束状态。当草图一旦完全约束，整个草图将会变成蓝色，如图 2-105 所示。

3. 尺寸约束

除了几何约束，另外一个便是尺寸约束。在中望 3D 草图模块，有许多尺寸类型命令用来添加尺寸约束类型。然而，绝大多数尺寸约束可以通过"快速标注"命令完成，如图 2-106 所示。

图 2-106　标注尺寸约束

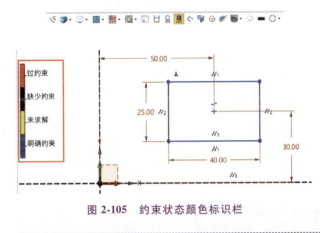

图 2-105　约束状态颜色标识栏

如图 2-107 所示，默认情况下，手动添加的尺寸都是驱动尺寸，同时这些尺寸也被视为强尺寸，这意味着这些尺寸会驱动整个草图的更改。为了更容易约束整个草图，也可以切换到"自动添加弱标注"模式，如图 2-108 所示。在这种模式下，添加的尺寸为弱尺寸且显示为灰色。

说明：在某些情况下，如果只需要显示目标草图，可以通过图 2-109 所示命令以关闭标注和约束。

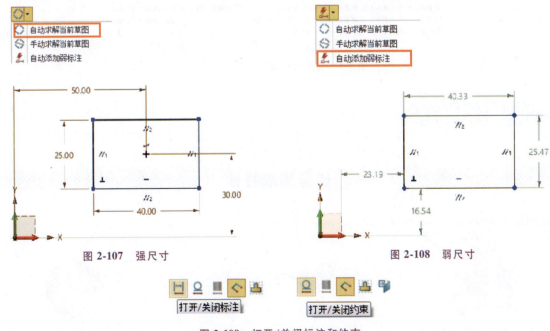

图 2-107　强尺寸　　　　　　图 2-108　弱尺寸

图 2-109　打开/关闭标注和约束

33

项目三

产品零件三维建模

产品三维模型的创建是整个产品计算机辅助设计（CAD）过程中最重要和基本的工作之一，不仅是因为建模过程中重要的设计信息会被加入其中，更是因为很多后续应用都将基于产品的三维模型数据展开。这些后续应用包括计算机辅助工程分析（CAE）、工程图创建、计算机辅助制造（CAM）等。

任务学习目标

1. 能够熟练使用拉伸、草图、旋转、孔、布尔运算等命令完成阀体的三维建模任务。
2. 能够熟练使用对称拉伸、旋转、拔模等命令完成扳手的三维建模。
3. 能够熟练使用旋转、槽、拉伸等命令完成阀芯的三维建模。
4. 能够熟练使用标记外部螺纹、拉伸等命令完成填料压盖的三维建模。
5. 能够使用基础造型、工程特征、编辑模型、变形、基础编辑等操作面板上的命令（图3-1）完成复杂建模特征的设计。

图3-1　造型设计操作面板上的命令

典型工作任务

任务完成目标

完成图3-2~图3-7所示建模任务。

图3-2　阀体三维建模任务

图3-3　扳手三维建模任务

图3-4　阀芯三维建模任务

项目三　产品零件三维建模

图 3-5　阀杆三维建模任务

图 3-6　填料压盖三维建模任务

图 3-7　料垫、密封圈三维建模任务

任务实施步骤

使用中望 3D 软件进行精细化建模。

阀体三维建模步骤 1-3

任务 3.1　阀体三维建模

通常在建模之前，脑海里应该已经有产品形状的大致轮廓。如图 3-8 所示球阀的阀体，是球阀的主要零件，其建模流程分析可以参考基于特征的参数化建模。这里将直接介绍其建模的详细步骤。

步骤 01　创建新的 Z3 文件。先将其命名为"阀体.Z3"，然后单击"确认"按钮进入建模环境，如图 3-9 所示。

步骤 02　创建"长度变量"表达式。在"工具"菜单栏中的"插入"面板选择"方程式管理器" ∑方程式管理器 命令，在方程式管理器中定义一个"长度变量"为"75"的基体长度，如图 3-10~图 3-12 所示。

图 3-8　阀体

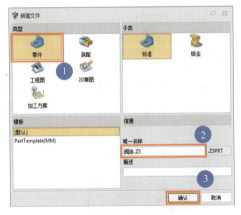

图 3-9　创建阀体文件

图 3-10　打开方程式管理器

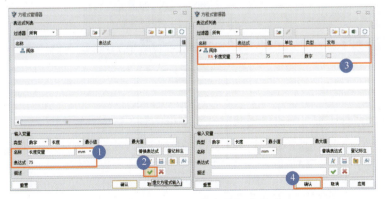

图 3-11　创建"长度变量"表达式

图 3-12　在管理器中表达式创建成功

步骤 03 创建第一个拉伸特征。

1）单击"基础造型"面板选择"拉伸" 拉伸→"轮廓 P" →"草图"→"YZ 基准面"作为绘图平面，具体步骤如图 3-13 和图 3-14 所示，此时，便进入草绘环境。

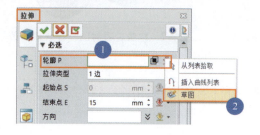

图 3-13 创建内部草图

图 3-14 选择 YZ 基准面

2）使用"矩形" 命令，选择第一个类型 ，创建一个矩形轮廓，如图 3-15 所示。删除其中一个尺寸，然后在两条相邻的边添加"相等" 约束，如图 3-16 所示。

3）选择并双击唯一尺寸，将"基体长度"变量赋给"75"尺寸，具体步骤如图 3-17 所示。

4）使用约束工具中的"对称" 对称 命令添加对称约束，使正方形位于画面的中心位置，如图 3-18 所示。

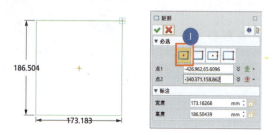

图 3-15 绘制矩形轮廓

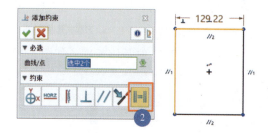

图 3-16 添加相等约束

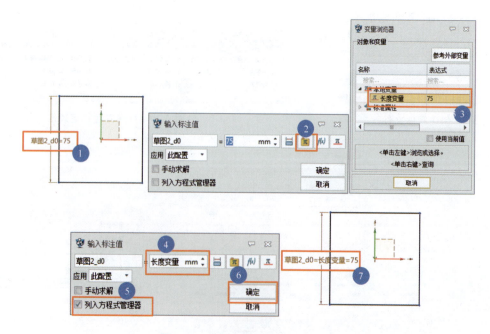

图 3-17 赋予变量给基体长度尺寸

5）单击 退出草图环境，同时返回到"拉伸" 命令对话框，其他参数设定如图 3-19 所示，单击"确定"按钮，完成第一个拉伸特征。

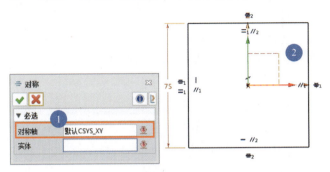

图 3-18 添加对称约束　　　　　图 3-19 设定拉伸参数

阀体三维建模步骤4-5

步骤 04　创建主旋转特征。

1）使用"草图"命令创建一个外部草图，如图 3-20 所示。在"基础造型"面板选择"草图" ，然后选择"XZ 基准面"作为草绘平面。使用"绘图" 命令绘制旋转特征草图，详细绘制过程可以参考任务 2.1 绘制阀体主特征草图。

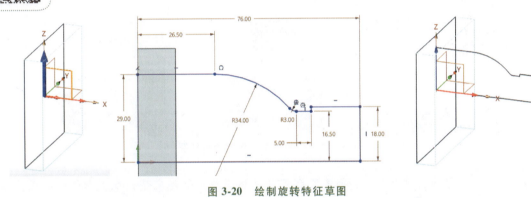

图 3-20 绘制旋转特征草图

2）先选择上述创建的草图，再单击"基础造型"面板中的"旋转" 命令，将"布尔运算"类型设置为"加运算" ，其他参数为默认设置，单击"确定" 按钮，完成旋转特征的创建。具体参数设置如图 3-21 所示。

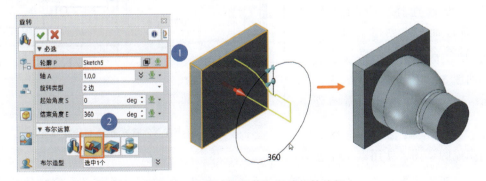

图 3-21 选择"加运算"创建旋转特征

步骤 05　创建另外一个旋转特征。

1）在"基础造型"面板选择"草图" 命令，然后选择"XZ 基准面"作为草绘平面，草图底线在"X轴"上，绘制57.00mm×19.00mm的矩形，且底线开始点距离坐标原点3.00mm，如图3-22所示。

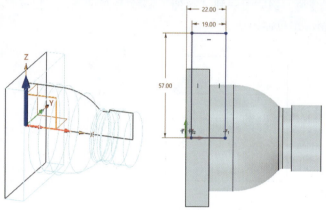

图3-22 在XZ基准面绘制草图

2）如图3-23所示，在"基础造型"面板单击"旋转" 命令，选择上面刚刚绘制完成的草图，使用默认旋转轴，将"布尔运算"类型设置为"加运算" ，单击"确定" 按钮，完成另外一个旋转特征。

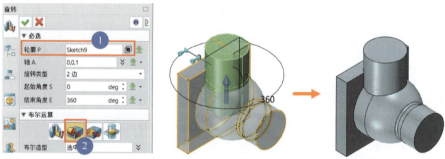

图3-23 使用"加运算"创建旋转特征

注意：到此为止，阀体所有布尔求和的特征创建完毕，接下来的步骤是创建布尔求减的特征。

阀体三维建模步骤6-7

步骤06 创建第一个旋转切除特征。

1）在"基础造型"面板选择"草图"命令，在"XZ基准面"上创建草图，草图底线与X轴重合，且起始点与坐标原点重合，如图3-24所示。

2）如图3-25所示，单击"基础造型"面板上"旋转" 命令，选择上面刚刚绘制完成的草图，使用默认红色

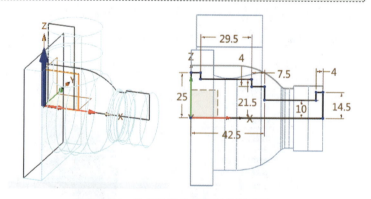

图3-24 在XZ基准面绘制旋转草图

X旋转轴，将"布尔运算"类型设置为"减运算" ，单击"确定" 按钮，完成特征旋转切除，如图3-26所示。

步骤07 创建两个拉伸切除特征。

1）在小圆柱体顶面绘制半径为13mm的圆。在"基础造型"面板单击"拉伸" 命令，在"轮

廓 P 下拉展卷栏" 里选择"草图"命令，选择小圆柱体顶面（图 3-27 所示黄色位置），进入到草图环境，选择"圆" 命令绘制半径为 13mm 的圆，并单击"退出" 按钮，如图 3-28 所示。

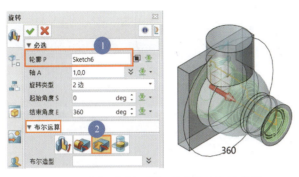

图 3-25　使用"减运算"创建旋转切除特征　　　　图 3-26　旋转切除结果

图 3-27　从拉伸命令下拉展卷栏里绘制草图

2）将"布尔运算"类型设置为"减运算" ，在"结束点 E"处输入深度"-4mm"，单击"确定" 按钮，完成第一个拉伸切除特征，如图 3-29 所示。

3）对于第二个拉伸切除特征，和上述第一个拉伸切除特征步骤一致，在小圆柱体顶面绘制半径为 19mm 的圆，然后在"基础造型"面板单击"拉伸" 命令，选择草图绘制圆，再选择草图绘制 3 条直线 （草图的约束角度均为两个对称的 45°），完成图 3-30a 所示样式，使用"划线修剪"命令 完成图 3-30b 所示样式。

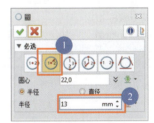

图 3-28　"半径"命令绘制半径为 13mm 的圆

图 3-29　使用"减运算"创建第一个拉伸切除特征

4）将"布尔运算"类型设置为"减运算" ，在"结束点 E"输入深度"-2mm"，单击"确定" 按钮，完成第二个拉伸切除特征，如图 3-31 所示。

39

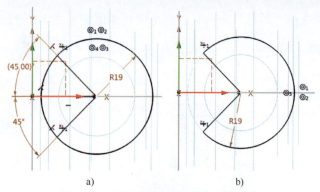

图 3-30 对绘制的 3 条直线作划线修剪

图 3-31 使用"减运算"创建第二个拉伸切除特征

注意：到此为止，阀体所有布尔求减的特征创建完毕，接下来的步骤是创建工程特征。

步骤 08 在基体特征上创建螺纹孔。单击"工程特征"→"孔"（即简单孔）孔→"螺纹孔"，到"位置"后面的下拉菜单中选择"草图"方式，使用"点"命令创建四个对称的点（距离基体边均为 13mm），其他参数设置与图中保持一致即可，单击"确定"按钮，完成螺纹孔的创建，如图 3-32 所示。

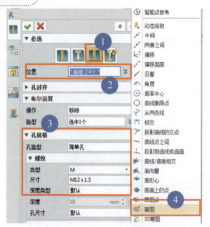
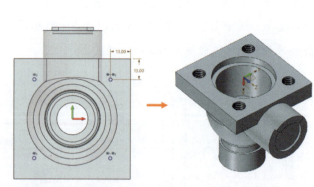

图 3-32 使用"简单孔"创建螺纹孔特征

步骤 09 创建另外一个螺纹孔特征。单击"孔"孔→"螺纹孔"类型，到"位置"下拉菜单选择"草图"方式，选择圆柱面的中心（参数设置与图中保持一致），然后单击"确定"按钮，完成螺纹孔的创建，如图 3-33 所示。

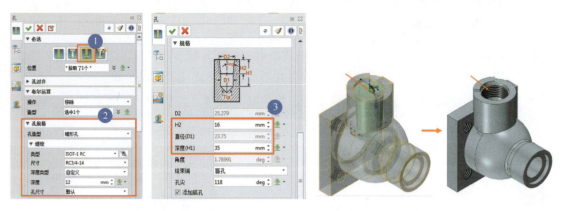

图 3-33　使用"锥形孔"创建第二个螺纹孔特征

阀体三维建模步骤11–13

步骤 10　标记外螺纹特征。在"工程特征"面板选择"标记外部螺纹" 命令，选择图 3-34 中圆柱表面，其他参数与图中设置保持一致即可，单击"确定" 按钮，完成外螺纹特征标记，如图 3-34 和图 3-35 所示。

步骤 11　逐一添加圆角工程特征。在"工程特征"面板选择"圆角" 命令，其中绿色部分 R = 10.0mm，黄色部分 R = 2.0mm，红色部分 R = 1.5mm，如图 3-36 所示。

图 3-34　设置外螺纹参数　　　图 3-35　标记外螺纹　　　图 3-36　逐一添加圆角工程特征

步骤 12　检查模型并优化建模过程。可以通过浏览历史树检查建模过程，如图 3-37 所示，然后单击"重生成"按钮，更新整个模型。建模历史记录及建模效果如图 3-38 所示。

步骤 13　最后保存文件，完成阀体零件的建模。

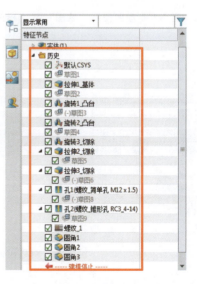

图 3-37　重生成模型　　　图 3-38　阀体零件建模历史步骤记录及最后的建模效果

任务 3.2　扳手三维建模

球阀的扳手模型如图 3-39 所示，扳手在球阀装配中的位置如图 3-40 所示。通过此案例，除了学习基本的建模功能，还可以学习到如何添加拔模角等技巧。以下是详细的建模步骤。

扳手三维建模步骤1-3

步骤 01　创建新的 Z3 文件。先将其命名为"扳手.Z3"，然后单击"确认"按钮进入建模环境，如图 3-41 所示。

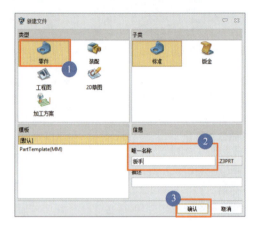

图 3-39　扳手　　　图 3-40　扳手在球阀装配中的位置　　　图 3-41　创建扳手零件文件

步骤 02　在 XZ 基准面上绘制主轮廓草图。详细的绘制步骤，可以参考任务 2.2 绘制扳手主特征草图，结果如图 3-42 所示。在"基础造型"面板选择使用"拉伸"　命令，选取绘制的草图轮廓，并对其执行"对称拉伸"操作，如图 3-43 所示。

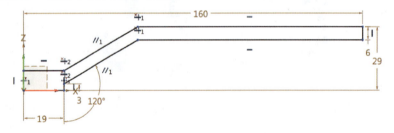

图 3-42　在 XZ 基准面使用"绘图"与"标注约束"命令绘制主轮廓草图

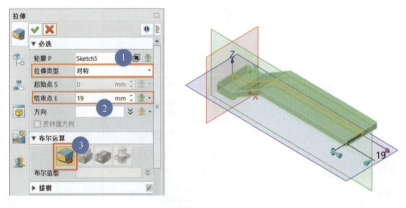

图 3-43　对称拉伸

步骤 03　创建旋转特征。

42

1)在XZ基准面上绘制草图。单击"基础造型"→"草图" 命令，使用"矩形" 矩形命令绘制旋转特征所需的草图，如图3-44所示。

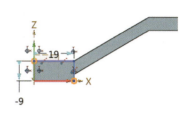

图3-44 在XZ基准面使用"角点矩形"绘制旋转特征所需草图

2)在"基础造型"面板选择"旋转" 命令，选择上述绘制的草图，将"布尔运算"类型设置为"基体" ，单击"确定" 按钮，旋转特征创建完毕，如图3-45所示。

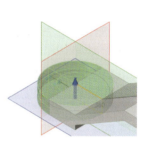

图3-45 创建旋转特征

步骤04 在旋转特征上创建拔模角。

扳手三维建模步骤4-6

1)创建拔模基准面，在"基准面"面板选择"基准面" 命令，捕捉图3-46中所示角落的点，单击"确定" 按钮，完成拔模基准面的创建，如图3-46所示。

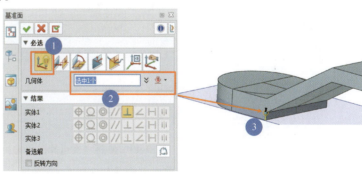

图3-46 创建拔模基准面

2)在"工程特征"面板选择"拔模" 命令，在"拔模面" 中选择需要拔模的面，其中"固定面"选择上面步骤建立的基准面，"角度A"输入"5deg"，"方向P"输入"-0,-0,-1"，如图3-47所示。

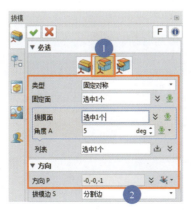
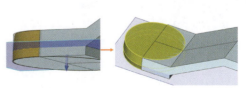

图3-47 创建拔模特征

43

步骤 05 修剪第一个拉伸特征。

1）在"基础造型"面板使用"草图" 命令，在 XY 基准面上绘制草图，使 R8.5mm 的圆弧与其相邻边均相切，其他尺寸如图 3-48 所示。

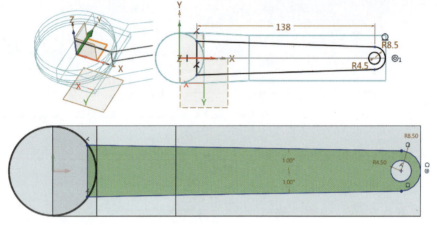

图 3-48 在 XY 基准面绘制"交运算"要使用的草图

2）选择"拉伸" 命令，选择上述草图，设置"拉伸类型"为"对称"，"结束点 E"为"50mm"，选择"布尔运算"为"交运算" ，在"布尔造型"中选择拉伸特征作为求交对象，单击"确定" 按钮，完成拉伸特征修剪，如图 3-49 所示。

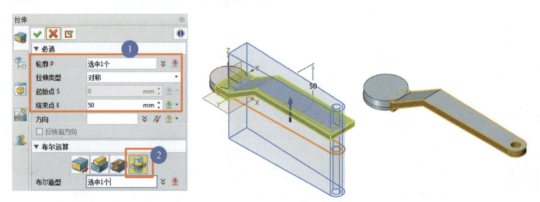

图 3-49 使用"交运算"修剪拉伸特征

步骤 06 在"编辑模型"面板选择"添加实体" 命令，对已经创建的实体进行布尔求和，如图 3-50 所示。

扳手三维建模步骤7-10

步骤 07 创建扳手头部的台阶。

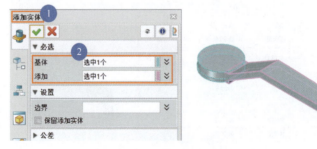

图 3-50 添加实体进行布尔求和

项目三 产品零件三维建模

1）在"基础造型"面板使用"草图" 命令，在 XY 基准面绘制草图，依次使用"圆" 圆命令、"直线" 直线命令、"划线修剪" 划线修剪命令绘制用来拉伸的半圆草图，可以绘制水平辅助线，使用几何约束将图中角度与水平线的倾斜角度约束为 46°，如图 3-51 所示。

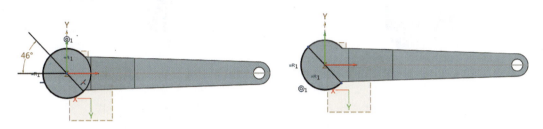

图 3-51 在 XY 基准面绘制半圆草图

2）使用"拉伸" 拉伸命令，切除深度 2.5mm，将"布尔运算"类型设置为"减运算" ，单击"确定" 按钮，完成特征创建，如图 3-52 所示。

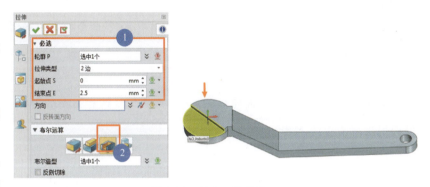

图 3-52 创建台阶特征

步骤 08 创建方孔特征。如图 3-53 所示，在"XY 基准面"上绘制一个边长 11mm、倾角 45°的方形草图，然后使用"拉伸" 拉伸命令，切除深度 10mm，使用"减运算"切出来一个方孔特征。

步骤 09 添加倒角和圆角特征。如图 3-54 所示，绿色区域倒角 倒角为"C2.5mm"，黄色区域圆角 圆角为"R9.0mm"，红色区域圆角 圆角为"R2.5mm"。

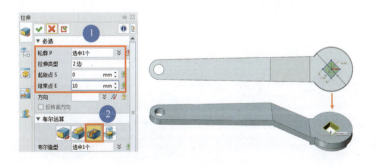

图 3-53 创建方孔特征

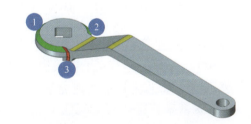

图 3-54 添加倒角和圆角特征

步骤 10 检查并重生成整个模型，最后保存整个文件。

任务 3.3 阀芯三维建模

阀芯位于阀体内部，如图 3-55 所示，并由把手和阀杆组件一起进行驱动，阀芯在球阀中的位置如图 3-56 所示。这个案例的建模过程比较简单，只需要几步，以下是详细建模过程。

45

图 3-55 阀芯

图 3-56 阀芯在球阀中的位置

阀芯三维建模

步骤 01　创建"阀芯零件.Z3"文件,创建步骤与扳手一样。

步骤 02　创建旋转特征。

1)在"YZ 基准面"上绘制草图,如图 3-57a 所示;在"基础造型"面板单击"草图"命令,使用"直线"命令绘制一条辅助直线,先绘制一条竖线并添加相应约束,如图 3-57 所示;然后使用"镜像"命令对其进行镜像,使用"直线"命令从底部连接这两条竖线段,如图 3-57b 所示;紧接着以坐标原点为圆心使用"圆"命令绘制 R21mm 的圆,使用"划线修剪"命令修剪多余线段,得到目标轮廓,如图 3-57c 所示;最后退出草绘模式,回到建模环境。

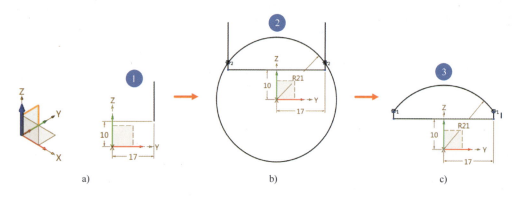

图 3-57 在 YZ 基准面绘制草图

2)在"基础造型"面板单击"旋转"命令,选择上一步创建的草图绕"Y 轴"旋转,单击"确定"按钮,阀芯主特征创建完毕,如图 3-58 所示。

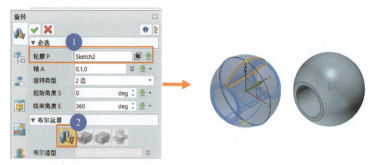

图 3-58 创建旋转特征

步骤 03　创建槽特征。在"XZ 基准面"上绘制切槽所用轮廓,使用"矩形"命令、"对称"命令、"线性"命令绘制详细尺寸,如图 3-59 所示,轮廓左右两边关于"Z 轴"对称,顶边超出阀芯轮廓 1.0mm(一般超出即可,为了避免几何边界布尔求减失败);然后使用"拉伸"命令切穿整个阀芯体,使用"减运算"得到槽特征,如图 3-60 所示。

项目三 产品零件三维建模

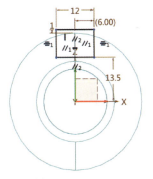

图 3-59 在 XZ 基准面绘制草图

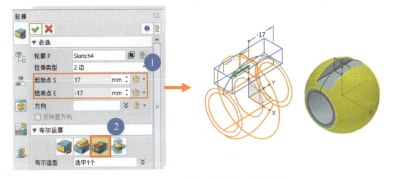

图 3-60 使用"减运算"创建槽特征

说明：在创建槽特征时，为了保证始终切穿，需要确保起始点 S 和结束点 E 与阀芯两边几何关联。

步骤 04　添加零件几何属性并修改零件外观，最后保存整个文件。

任务 3.4　阀杆三维建模

阀杆如图 3-61 所示，它属于阀杆组件，如图 3-62 所示，是阀杆组件的核心零件。

图 3-61　阀杆

图 3-62　阀杆组件

阀杆三维建模

步骤 01　在"球阀.Z3"文件中创建阀杆零件，方法与前述案例一样。

步骤 02　创建旋转特征。在"XZ 基准面"上绘制草图，首先在"基础造型"面板选择"草图" 命令，从零件原点开始绘制，详细尺寸如图 3-63 所示，绘制完成后单击 退出 退出草绘模式，回到建模环境；然后使用"旋转" 命令，选择上一步创建的草图，绕"Z 轴"进行旋转，单击"确定" 按钮，完成旋转特征创建，如图 3-64 所示。

步骤 03　创建台阶特征。首先，在"XZ 基准面"上绘制草图，如图 3-65 所示，在 Z 轴左边先

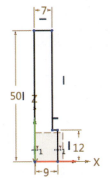

图 3-63　XZ 基准面绘制草图

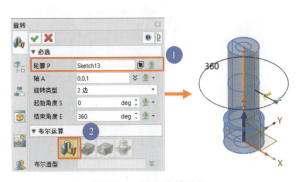

图 3-64　创建旋转特征

47

绘制一个矩形并添加约束，长与高分别为"7mm"和"5.5mm"，然后关于"Z轴"镜像，完成草图绘制，单击 退出 退出草绘模式；然后，使用"拉伸" 拉伸 命令，选择上一步创建的草图，切穿整个旋转体，单击"确定" 按钮，得到对称台阶特征，如图3-66所示。

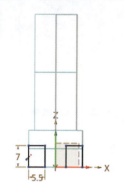

图3-65　在XZ基准面绘制草图　　　　　　　图3-66　使用"减运算"拉伸创建对称台阶特征

步骤04　创建方形柱特征。

1）在模型旋转特征顶面绘制正方形轮廓，然后选择外圆轮廓将其变为参考线，选择该参考线并右击将其转换为实线，完成草图绘制，退出草绘模式回到建模环境，如图3-67~图3-69所示。

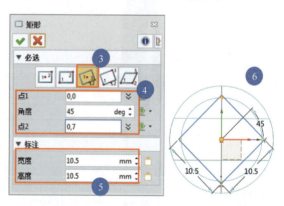

图3-67　选择模型旋转特征顶面作为草图绘制平面　　　图3-68　使用"中心-角度"绘制45°倾斜正方形草图轮廓

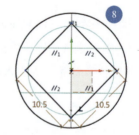

图3-69　使用"边界"绘制圆草图轮廓

2）使用"拉伸" 拉伸 命令，选择上一步创建的草图，进行拉伸切除操作，切除深度"-14.5mm"，单击"确定" 按钮，完成方形柱特征创建，如图3-70所示。

步骤05　添加倒角C2.0mm，如图3-71所示。编辑零件属性并修改零件外观，完成阀杆零件创建，结果如图3-72所示，最后保存整个文件。

项目三 产品零件三维建模

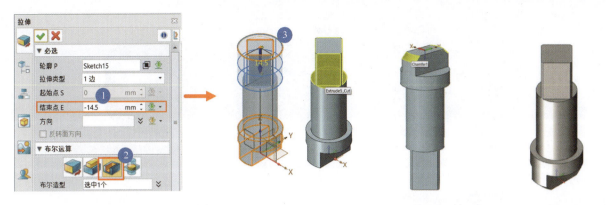

图 3-70 使用"减运算"拉伸创建方形柱特征　　图 3-71 添加倒角特征　　图 3-72 修改零件外观

任务 3.5 填料压盖三维建模

填料压盖如图 3-73 所示,与上一个案例一样,它属于阀杆组件(图 3-74)的一个零件。

图 3-73 填料压盖

图 3-74 阀杆组件

填料压盖
三维建模

步骤 01　创建填料压盖零件。

步骤 02　创建旋转特征。

1) 使用"绘图" 命令和"标注约束"在"XZ 基准面"上绘制草图，尺寸如图 3-75 所示，轮廓底边与"X 轴"重合。绘制完成后退出草图并回到建模环境中。

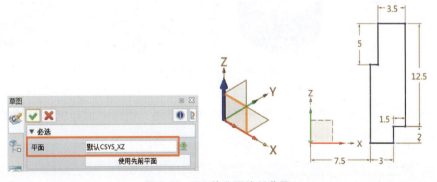

图 3-75 XZ 基准面绘制草图

2) 使用"旋转"命令，选择上一步创建的草图，绕"Z 轴"旋转，单击"确定"按钮，完成旋转特征创建，如图 3-76 所示。

步骤 03　标记外部螺纹。如图 3-77 所示，单击"工程特征"面板→"标记外部螺纹"命令，选择圆柱面外轮廓，按图 3-77 所示数据定义"螺纹规格"，单击"确定"按钮，完成标记螺纹特征创建。

49

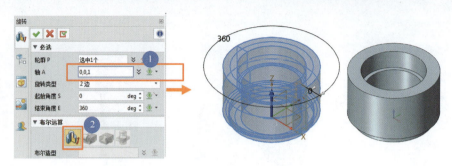

图 3-76 创建旋转特征

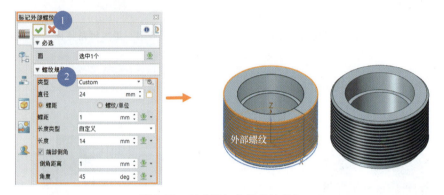

图 3-77 创建标记外部螺纹特征

步骤 04 创建槽特征。

1）使用"草图"命令，选择零件顶部作为平面，使用"矩形" ▢ 矩形 命令、"对称" ≡ 对称命令创建一个长方形轮廓草图，长方形中心位于坐标原点，如图 3-78 所示。

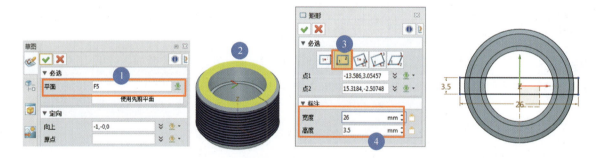

图 3-78 绘制长方形轮廓

2）使用"拉伸" 命令，选择上一步创建的长方形草图，使用"减运算"拉伸切出一个深度为"1.5mm"的槽，单击"确定" ✔ 按钮，完成槽特征创建，如图 3-79 所示。

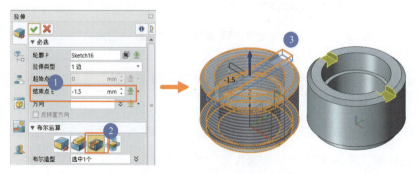

图 3-79 使用"减运算"拉伸命令创建槽特征

步骤 05 添加零件属性。修改模型外观,完成填料压盖模型创建,效果如图 3-80 所示。最后,保存整个零件文件。

图 3-80 填料压盖模型效果

任务 3.6 料垫、密封圈三维建模

下、上料垫三维建模

为了顺利进行整个球阀最后的总装工作,剩余几个简单零件(上填料垫、下填料垫、密封圈、调整垫),这里也将对其创建过程进行简要介绍。

1. 下填料垫建模

如图 3-81 所示为下填料垫创建过程。建模时,先在"XY 基准面"分别绘制"R7.00mm"和"R11.00mm"的圆,然后退出草图,使用"拉伸" 命令,输入厚度"3.38mm",单击"确定" 按钮,完成下填料垫模型创建,最后编辑零件属性并修改外观,保存文件。

图 3-81 创建下填料垫

2. 上填料垫建模

对于上填料垫,其创建方法和草图与下填料垫一样,只是厚度值为"3.37mm",其创建过程如图 3-82 所示。

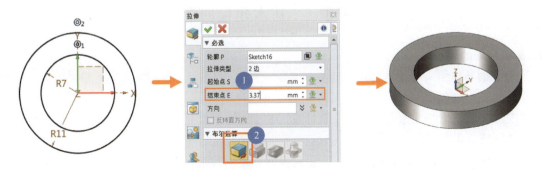

图 3-82 创建上填料垫

3. 调整垫建模

如图 3-83 所示为调整垫的创建过程，其过程与下填料垫一样，草图轮廓如图 3-83a 所示，垫片厚度为"2mm"，草绘基准面在"YZ 平面"。

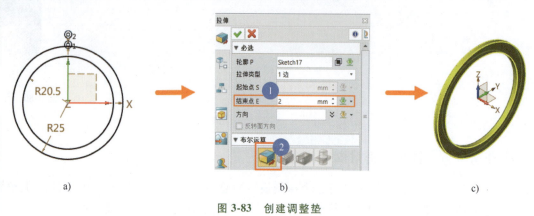

图 3-83 创建调整垫

4. 密封圈建模

如图 3-84 所示为密封圈创建过程，密封圈用于球阀总装中。在"XY 基准面"上绘制如图 3-84a 所示的草图（圆弧圆心在 X 轴上），完成草图，退出草绘模式，使用"旋转"命令，选择刚绘制的草图，单击"确定" ✓ 按钮，完成模型创建。然后添加零件属性并修改零件外观，最后保存整个文件。

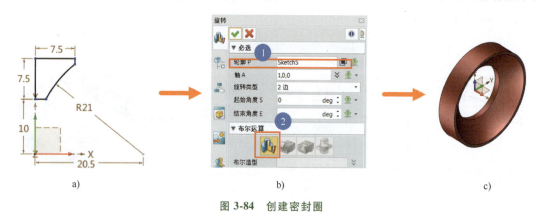

图 3-84 创建密封圈

项目知识拓展

课题一 基本建模概念

1. 基于特征的建模

基于特征的建模是一种将特征视为建模基本单元的模型创建方法，即三维模型可以采用各种不同类型创建出来。一般情况下，模型特征可以分为以下三种类型：

➢ 基准特征。基准特征通常是指基准坐标系、基准面、基准轴和基准点。

➢ 基础特征。常见基础特征有三种，它们分别是拉伸特征、旋转特征和扫掠特征，如图 3-85 所示。

➢ 工程特征。工程特征是指因为实际工程需要而创建的特征，例如倒角、圆角等，如图 3-86 所示。这些特征通常都有很重要和普遍的工程应用背景。

2. 实体与曲面

三维几何形体通常有两种类型，一种是实体类型，一种是曲面类型，在中望 3D 软件内部是根据这

项目三　产品零件三维建模

图 3-85　基础特征　　　　　　　　　　　　　　　　　图 3-86　工程特征

图 3-87　实体与曲面类型

个形体是否封闭来区分这两种类型的。中望 3D 软件提供了独特的混合建模方法，可以让用户在实体和曲面之间自由地切换，当删除实体的一个面时，将自动变成曲面类型，如图 3-87 所示。

3. 基于特征的参数化建模

基于特征的参数化建模是指 3D 模型通过不同的特征创建出来并且用参数来驱动这些特征。因此，当修改这些特征的参数时，模型也会被快速修改和更新。如图 3-88 所示，一组图展现了球阀阀体特征建模的主要过程。

拉伸基体　　　　添加旋转特征　　　添加另一个旋转特征　　　创建切除特征　　　创建工程特征

图 3-88　特征建模过程

课题二　基础造型

在实体建模中，用户最常用的是基础造型，如图 3-89 所示，其特征通常是基于一个或多个草图，沿着曲线或轴旋转生成扫掠，如拉伸、旋转、扫掠和放样等。草图也可以被面或曲线等代替。

1. 拉伸建模

在 Ribbon 栏单击"造型"→"基础造型"→"拉伸"。

使用此命令创建拉伸特征。输入包括轮廓、拉伸类型、起始点/结束点位置及方向。此外，用户可以为拔模、扭曲、偏移和轮廓封口添加属性。拉伸操作的主要步骤如下：

图 3-89　基础造型模块界面

53

步骤 01　新建一个草图或选择已有的草图作为拉伸特征的轮廓。

步骤 02　设置拉伸类型，然后设置拉伸范围。

步骤 03　根据需要定义其他参数，如拔模角度、偏移值，如图3-90所示。

➤ 拔模：根据需要输入拔模角度，正负值均可，如图3-91所示。

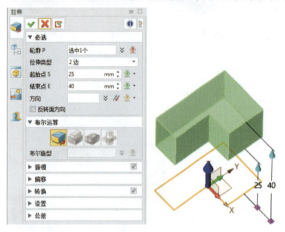
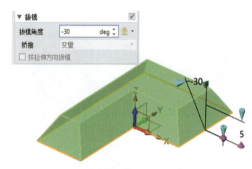

图3-90　拉伸"必选"设置界面　　　　　图3-91　拉伸"拔模"设置界面

➤ 偏移：该选项可以收缩或延展造型曲面。也可以独立地由值设置向外或向内偏移量，如图3-92所示。

➤ 转换：通过选择扭曲点和扭曲角度创建扭曲特征。扭曲角度是扭曲开始点到结束点的全部角度。因为合成的曲面是直纹曲面，所以最大扭曲角度为90°。如果需要更多功能，可使用扫掠、螺旋或放样特征，如图3-93所示。

➤ 设置：有四种轮廓封口，自左至右分别为两端封闭、起始端封闭、末端封闭、开放。如图3-94所示为"开放封口"的选项。

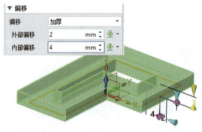  

图3-92　拉伸"偏移"设置界面　　图3-93　拉伸"转换"设置界面　　图3-94　拉伸"轮廓封口"设置界面

2. 旋转建模

在Ribbon栏单击"造型"→"基础造型"→"旋转" 。

使用此命令创建旋转特征。输入包括轮廓、轴、旋转类型以及起始角度/结束角度的位置。轮廓可以是草图、线框或面边。

步骤 01　新建草图或选择已有的草图作为旋转特定的轮廓。

步骤 02　定义旋转轴和旋转类型，然后设置旋转范围。

步骤 03　根据需要定义其他参数，如图3-95所示。

注意：其他参数与拉伸命令的参数类似，请参考拉伸命令。

3. 扫掠建模

1）扫掠。

项目三 产品零件三维建模

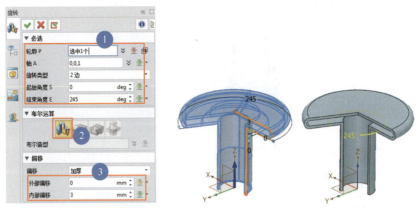

图 3-95 旋转设置界面

在 Ribbon 栏单击"造型"→"基础造型"→"扫掠"。

使用此命令通过轮廓和路径新建一个简单扫掠或变化扫掠。轮廓和路径均可为草图、线框或面边。

扫掠过程中需要建两个坐标系，一个是参考坐标系，位于 3D 坐标轴，用来指示轮廓的原位置；另一个是局部坐标系，路径上的每个点都会生成一个局部坐标系，用来显示轮廓在路径上的位置。

扫掠通过调整参考坐标系和局部坐标系来把轮廓放置在路径上的每个点，最终形成一个扫掠特征。

步骤 01 选择蓝色草图作为轮廓，粉色草图作为路径，如图 3-96 所示。

步骤 02 选择不同定向的方式得到不同结果。

步骤 03 根据需要，用户可以定义转换。

图 3-96 扫掠"必选"设置界面

➢ 定向：参考坐标有以下选项控制。

默认坐标——轮廓默认坐标。

在交点上（默认）——坐标位于轮廓平面和扫掠曲线的相交处。如果没有找到相交处，那么坐标就在路径起始的地方，如图 3-97 所示。

在路径——坐标位于扫掠路径的起始点。

沿路径——坐标位于轮廓上，并且在扫掠过程中路径将根据局部坐标与参考对齐重新定位。

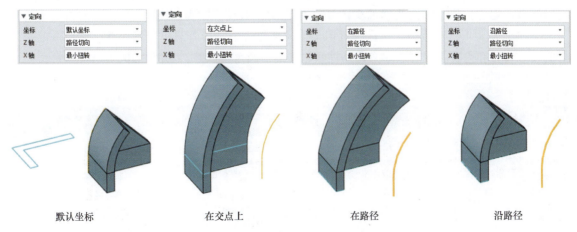

图 3-97 扫掠"定向"设置

➢ 转换：创建缩放或扭曲特征。图中显示线性或可变缩放的结果，如图 3-98 所示。

缩放-线性　　　　　　　　　　　　　　　缩放-可变

图 3-98　扫掠"转换"设置

2）螺旋扫掠。

在 Ribbon 栏单击"造型"→"基础造型"→"螺旋扫掠" 。

使用该命令通过沿轴的一个线性方向旋转闭合轮廓，新建一个螺旋扫掠基础特征。此功能可以用于制作螺纹或者任何其他在线性方向旋转的造型，例如弹簧和线圈。用户也可以为该特征设置锥度属性。

步骤 01　绘制一个草图用作螺旋扫掠的轮廓，梯形轮廓如图 3-99a 所示。

步骤 02　使用"螺旋扫掠"命令，选择轮廓和定义"Z 轴"为方向，输入匝数为"5"，距离为"15mm"。

步骤 03　定义其他参数，如布尔运算、收尾向内/向外等，如图 3-99 所示。

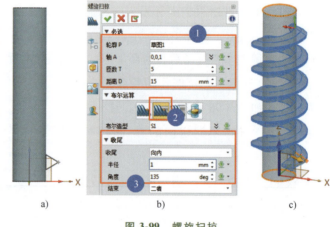

a)　　　　　　　　b)　　　　　　　　c)

图 3-99　螺旋扫掠

3）杆状扫掠。

单击造型 Ribbon 栏→"基础造型"→"杆状扫掠" 。

使用该命令创建扫掠相交曲线网的实体杆（如直线、弧线、圆和曲线），曲线可以相切或者形成相交"X""T"或"L"形造型，该命令可用于生成理想管道、导管或电缆等线路。该命令的必选输入包括曲线、直径和内直径，可选输入包括杆状体连接、圆角角部等，如图 3-100 所示。

杆状扫掠-L形　　　　　　　　　　　　杆状扫掠-带圆角的L形

图 3-100　螺旋扫掠"L"形、"T"形、"X"形

项目三 产品零件三维建模

杆状扫掠-T形　　　　　　　　　　　杆状扫掠-X形

图 3-100　螺旋扫掠"L"形、"T"形、"X"形（续）

4）轮廓杆状扫掠。

在 Ribbon 栏单击"造型"→"基础造型"→"轮廓杆状扫掠" 。

使用该命令新建一个扫过曲线的实体杆，类似"杆状扫掠"操作，相连的曲线在路径上是有效实体，实体杆在拐角处将会被修剪斜接，如图 3-101 所示。

图 3-101　轮廓杆状扫掠

4. 放样建模

1）放样。

在 Ribbon 栏单击"造型"→"基础造型"→"放样" 。

使用该命令新建一个由一系列轮廓生成的放样实体或曲面特征，轮廓可以是草图、线框、面边或点。此外，还可以通过定义连线进行放样造型的控制，如图 3-102 所示。

➤ 放样类型：该选项可以定义"起点/终点和轮廓"新建放样造型。以下显示"起点和轮廓"的类型，如图 3-103 所示。

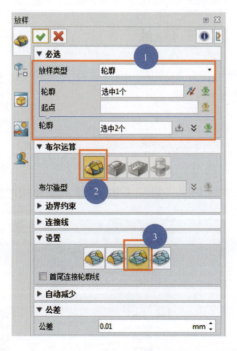

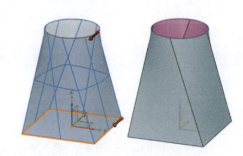

图 3-102　放样类型-轮廓

➤ 轮廓：可以选择多个图形曲线，选择第一个图形曲线后如果需要选择下一个图形曲线，必须在选择之前单击中键（鼠标滑轮）一下，这里需要注意的是要求所有的图形曲线箭头方向一致。

57

2）驱动曲线放样。

在 Ribbon 栏单击"造型"→"基础造型"→"驱动曲线放样" 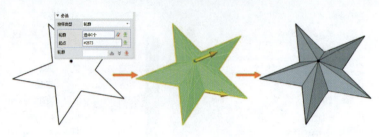。

图 3-103 放样类型-起点和轮廓

使用该命令通过一系列轮廓沿着驱动曲线放样来造型，它包括一些与扫掠和放样命令类似的选项，如图 3-104 所示。

➤ 驱动曲线 C：选择一条路径曲线。

➤ 轮廓：可以选择多个图形曲线，选择第一个图形曲线后如果需要选择下一个图形曲线，必须在选择之前单击中键（鼠标滑轮）一下，这里需要注意的是要求所有的图形曲线箭头方向一致。

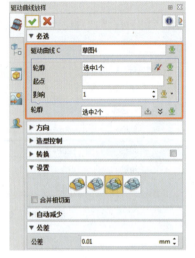

图 3-104 驱动曲线放样

课题三 工程特征

在主要造型完成后通常需要添加工程特征，如圆角、倒角、孔、拔模等。本节将逐一介绍工程特征建模的常用命令，如图 3-105 所示。

1. 圆角建模

在 Ribbon 栏单击"造型"→"工程特征"→"圆角" 。

使用该命令可以新建各种各样的圆角和桥接转角，其中包括桥接转角的平滑度、弧形类型、圆锥截面圆角、可变圆角属性、拐角止裂槽和边缘约束。如图 3-106 所示的是常用的圆角。

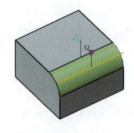

图 3-105 工程特征模块界面　　　　图 3-106 常用的圆角设置界面

图 3-107 所示为其他三种圆角：椭圆圆角、环形圆角和顶点圆角。

图 3-107　圆角-不同类型

➢ 可变半径：使用该选项创建可变半径圆角，沿所选边定位，添加可变半径，新建可变圆角，如图 3-108 所示。

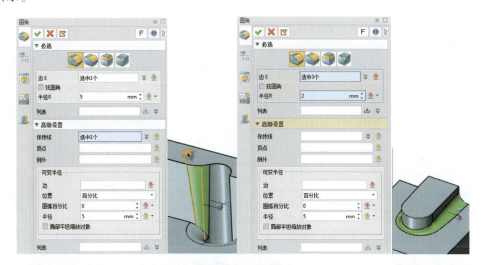

图 3-108　圆角-保持线与可变半径对比效果

➢ 翻转线类型：以下选项可以为不同造型生成圆角。
（1）保持圆角到边　选中此项，圆角将会保存到边。图 3-109 显示两种情况。

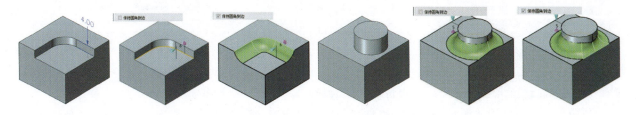

图 3-109　圆角-保持圆角到边

（2）搜索根切　勾选此项，保持原来的特征，如图 3-110 所示。
（3）斜接角部　勾选此项，圆角将对均匀的凸面使用斜接的方法，如图 3-111 所示。

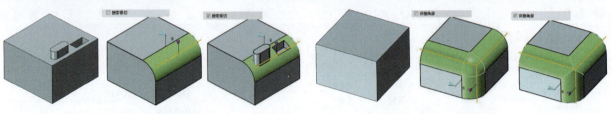

图 3-110　圆角-搜索根切　　　　　　　　图 3-111　圆角-斜接角部

（4）追踪角部　勾选此项，圆角和角部贴片面将被追踪到支架上，这样可以产生更美观的效果，如图 3-112 所示。

（5）桥接角部　勾选此项，基于 FEM 曲面拟合方式创建一个更顺滑的圆角，如图 3-112 所示。

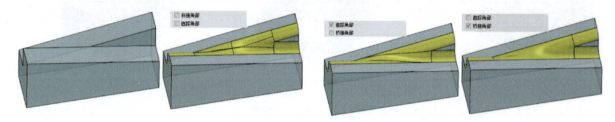

图 3-112　圆角-追踪角部和桥接角部

2. 倒角建模

在 Ribbon 栏单击"造型"→"工程特征"→"倒角" 。

中望 3D 软件提供 3 种倒角类型：常见倒角、不对称倒角和顶点倒角，如图 3-113 所示。倒角的大多数参数与圆角特征类似，可参考圆角特征来理解变距倒角和翻转控制的选项。

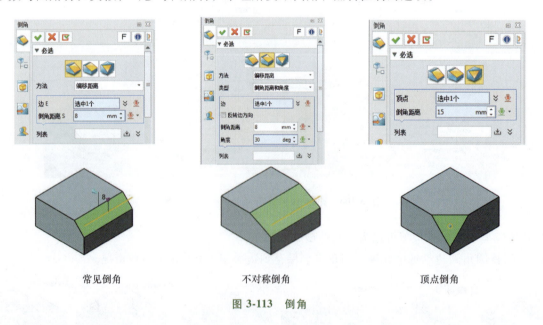

常见倒角　　　　　　　不对称倒角　　　　　　　顶点倒角

图 3-113　倒角

3. 拔模建模

在 Ribbon 栏单击"造型"→"工程特征"→"拔模" 。

使用该命令对选中实体新建一个拔模特征，实体可以是边、面或基准平面，如图 3-114 所示。拔模特征主要用于模具的设计，使得注射零件可以从型腔或型芯中自由顶出。

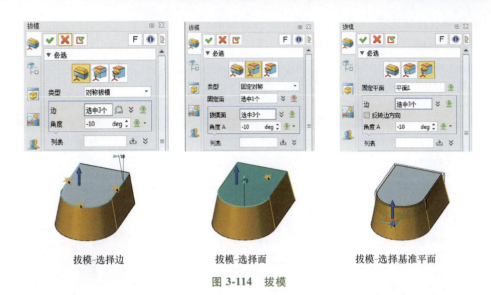

图 3-114 拔模

此外，中望 3D 软件也提供以下不同的选项用于单边拔模的分型面、分型边以及面拔模，如图 3-115 所示，以图 3-115a 为例。

步骤 01 选择顶部面作为固定面，选择蓝色曲面为分型面。

步骤 02 选择侧面作为拔模面，定义拔模角度，然后添加到列表中。

步骤 03 定义"Z 轴"为拔模方向，确定即可。

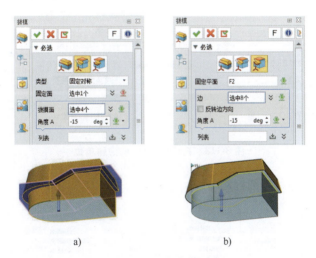

图 3-115 拔模-不同选项

4. 孔建模

在 Ribbon 栏单击"造型"→"工程特征"→"孔"孔。

该命令可以创建多种类型的孔，包括常规孔、间隙孔和螺纹孔。图 3-116 所示展示了五种不同的

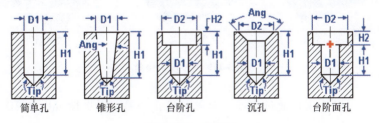

图 3-116 孔类型

孔造型，包括简单孔、锥形孔、台阶孔、沉孔、台阶面孔。

以台阶螺纹孔为例，设置如图 3-117 所示。

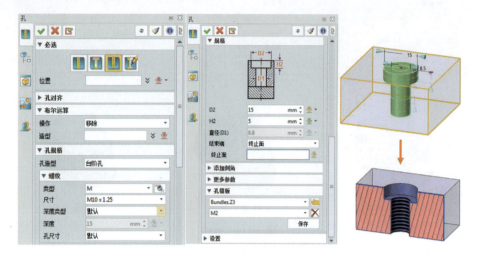

图 3-117　孔-台阶螺纹孔

以下是更多的孔参数设置：

➤ **公制和英制螺纹**：可以切换螺纹规格为公制或英制，如图 3-118 所示。

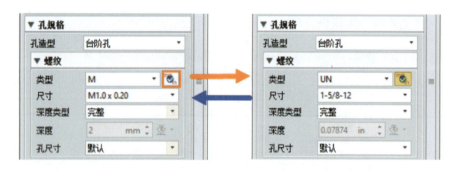

图 3-118　孔-切换螺纹规格和单位

➤ **添加倒角**：使用该项设置孔的倒角，如图 3-119 所示。

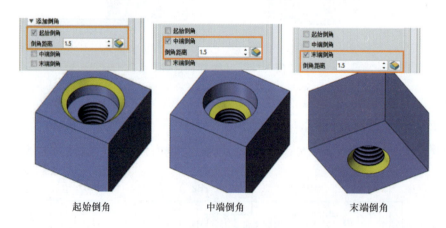

图 3-119　孔-设置倒角

➤ **孔公差**：该选项可以让用户通过值或公差表定义孔公差。该属性可以在 2D 工程图的孔表中显示，如图 3-120 所示。

项目三　产品零件三维建模

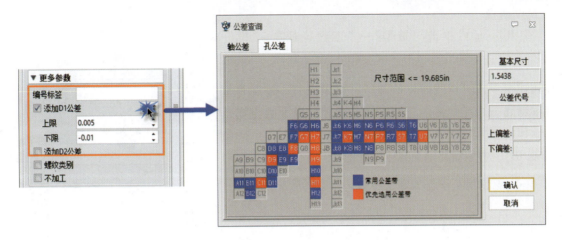

图 3-120　孔公差

➢ 螺纹类型：定义螺纹类型，如 1B、2B 和 3B。
➢ 不加工：勾选此项，在使用中望 3D CAM 加工时将忽略孔。

5. 筋建模

1）在 Ribbon 栏单击"造型"→"工程特征"→"筋"。

使用该命令用一个开放轮廓草图新建一个筋特征，必须输入包括轮廓、宽度、拔模角度、边界面和参考平面等参数，边界面可以限制或扩大筋特征的范围。

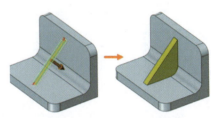

步骤 01　新建草图或选择已有的草图作为筋特征的轮廓。

步骤 02　按图 3-121 所示定义其他参数。

图 3-121　筋

2）在 Ribbon 栏单击"造型"→"工程特征"→"网状筋"。

使用该命令新建一个相互关联的网状筋，该命令支持多个轮廓定义筋的路径，每个轮廓均可用于定义不同宽度的筋剖面，也可以使用一个单一轮廓来指定筋宽度，如图 3-122 所示。

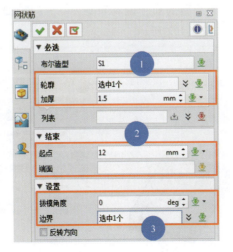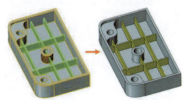

图 3-122　网状筋

63

6. 螺纹建模

1）在 Ribbon 栏单击"造型"→"工程特征"→"螺纹" 。

使用该命令通过围绕圆柱面旋转一个闭合面，并沿着其线性轴新建一个螺纹造型特征。此命令可以用于制作螺纹特征或任何其他在线性方向上旋转的造型。

步骤 01 选中需要添加螺纹特征的面。

步骤 02 创建草图作为螺纹轮廓，如图 3-123 所示的三角形。

步骤 03 定义螺纹特征的匝数和螺距。

步骤 04 设置其他参数，如布尔运算和收尾。

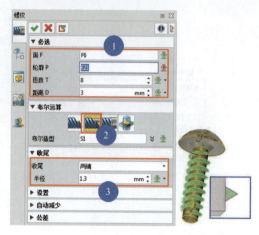

图 3-123 螺纹

2）在 Ribbon 栏单击"造型"→"工程特征"→"标记外部螺纹" 。

使用该命令可以创建纹理外螺纹，其优点是节省内存，提高建模效率。所有这些属性都可以被 2D 工程图和 CAM 程序读取，如图 3-124 所示。

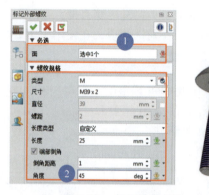

图 3-124 标记外部螺纹

编辑模型

课题四　编辑模型

1. 偏移

在 Ribbon 栏单击"造型"→"编辑模型"（界面见图 3-125）→"面偏移" 。

使用该命令来偏移一个或多个造型的面，偏移可以是等距或非等距的，如图 3-126 和图 3-127 所示。

图 3-125 编辑模型模块界面

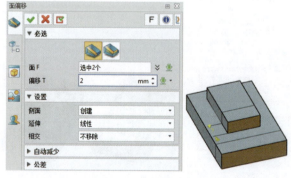

图 3-126 面偏移-常量

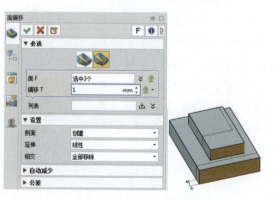

图 3-127 面偏移-变量

在 Ribbon 栏单击"造型"→"编辑模型"→"体积偏移" 体积偏移 。

使用该命令偏移整个造型实体，如图 3-128 所示。

2. 抽壳

在 Ribbon 栏单击"造型"→"编辑造型"→"抽壳" 抽壳 。

使用抽壳命令新建造型抽壳特征。如图 3-129a 所示，原始模型是实心体，在使用抽壳命令后，变成等距空心体。用户也可以定义抽壳造型为开放面。

图 3-128 体积偏移

步骤 01 选中需要被抽壳的造型。

步骤 02 设置抽壳特征的厚度。正值表示向外偏移，负值表示向内偏移。

步骤 03 用户可以设置开放面，图 3-129b 展示未设置开放面的情况，而图展示设置两端面为开放面的情况。

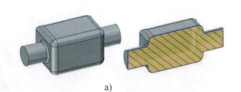

a)

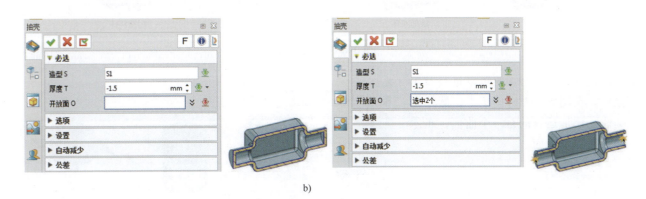

b)

图 3-129 抽壳造型

3. 加厚

在 Ribbon 栏单击"造型"→"编辑造型"→"加厚" 加厚 。

使用该命令加厚片体或面。如图 3-130 所示为加厚片体的例子。

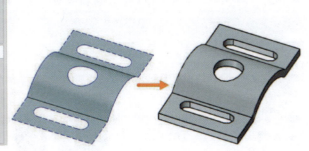

图 3-130 加厚片体

4. 布尔运算

在 Ribbon 栏单击"造型"→"编辑模型"→"添加实体/移除实体/相交实体"。

使用该命令可以为造型或面进行布尔运算，有三种布尔运算：添加实体、移除实体和相交实体。图 3-131 是在两个造型间进行布尔运算，基体是六面体，运算体（添加/移除/相交）是圆柱体。

步骤 01 选中六面体作为基体。

步骤 02 选中圆柱体作为运算体（添加/移除/相交）。

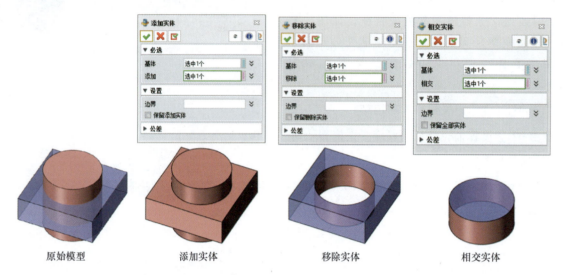

图 3-131 布尔运算

此外，实体和面也可以进行布尔操作。在图 3-132 的例子中，圆柱是基体，添加运算的是一个曲面，布尔结果是一个曲面。

图 3-132 布尔运算-实体曲面

5. 分割/修剪

在 Ribbon 栏单击"造型"→"编辑模型"→"分割/修剪"。

使用该命令分割或修剪视图。在该命令中，基体可以是实体或曲面，运算体可以是实体、曲面或基准面。图 3-133 和图 3-134 是分割和修剪命令的例子。

图 3-133 分割　　　　　　　　　　　图 3-134 修剪

步骤 01 选中圆柱体作为基体。

步骤 02 选中曲面作为分割面/修剪面。

6. 简化

在 Ribbon 栏单击"造型"→"编辑模型"→"简化" 。

该命令可以用于简化模型中某些存在的特征。这些特征可能是孔、圆角、倒角、挖腔、拔模等。该命令通常用于直接编辑模型、模具和电极设计等。图 3-135 所示为简化命令的示例效果。

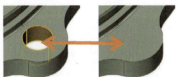

简化-孔

 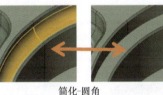 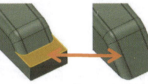

简化-挖腔　　　　简化-圆角　　　　简化-面

图 3-135　简化命令示例效果

拓展知识：

曲面创建　　曲面编辑　　　　　　　　　　　　　　　　　　　　　基础编辑

课题五　基础编辑

1. 阵列几何体

在 Ribbon 栏单击"造型"→"基础编辑"（界面见图 3-136）→"阵列几何体" 。

使用该命令阵列几何体，如造型、面、曲线、点、基准面等。面 3-137 所示是基础阵列线性阵列效果图。在此命令中，用户需要定义阵列几何体基体、一个或两个阵列方向、阵列数目和间距。

步骤 01 选中小型六面体作为基体。

步骤 02 定义"Z轴"作为主方向，设置数目为2，间距为20mm。

步骤 03 定义"X轴"作为第二方向，设置数目为8，间距为10mm。

图 3-136　基础编辑模块界面

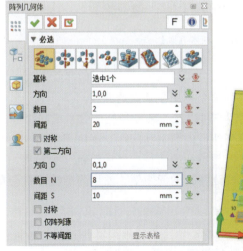

图 3-137　阵列几何体-线性

> 说明：中望 3D 软件提供了八种不同的阵列几何体，包括线性、圆形、多边形、点到点、在阵列上、在曲线上、在面上、填充阵列。图 3-138 所示为除线性之外六种常用类型阵列效果。

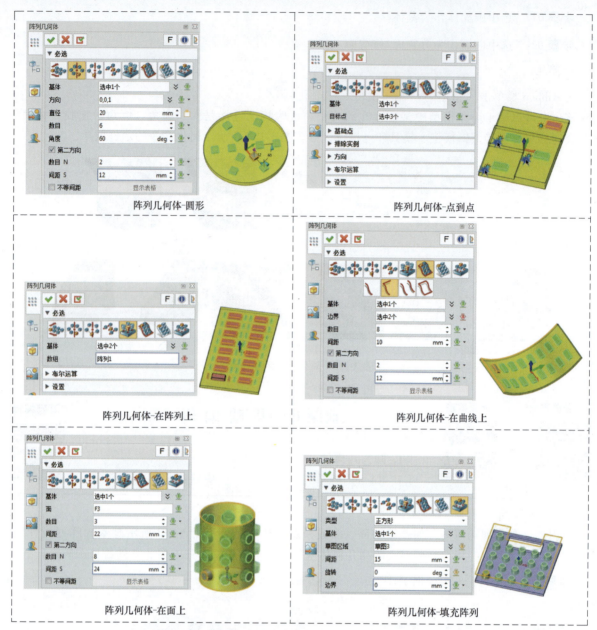

图 3-138　阵列几何体-除线性之外六种常用类型阵列效果

以下是有关阵列命令中更多参数的介绍。

➢ **派生阵列**：用户可以派生阵列特征的数目或间距值，有三种选项：

无——输入阵列特征的数目和间距，不启用派生。

间距——输入阵列特征的数目，然后间距（如距离、角度）将会自动派生。

数目——输入阵列特征的间距值，然后阵列数目将会自动派生。

2. 阵列特征

在 Ribbon 栏单击"造型"→"基础编辑"→"阵列特征" 。

使用该命令可以在建模历史树上直接阵列特征。该命令与阵列几何体类似，也提供了多种阵列类型。

图 3-139 所示是阵列筋和孔的例子。

➢ **变量阵列**：该选项允许用户为选中的阵列特征参数添加变量。有两种不同的类型，参数增量列表用于设置常量增量，参数表用于设置分散的值。图 3-140 所示孔特征的阵列，孔特征沿路径以直径增量为 1mm 的阵列绘制。

项目三 产品零件三维建模

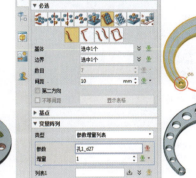

图 3-139 阵列特征-筋和孔　　　　　　　　图 3-140 阵列特征-孔

3. 镜像几何体/镜像特征

在 Ribbon 栏单击"造型"→"基础编辑"→"镜像几何体 /镜像特征"。

这两个命令的用法与阵列一样，一个是镜像几何体，如图 3-141 所示；另一个是镜像特征，如图 3-142 所示。

图 3-141 镜像几何体

图 3-142 镜像特征

4. 移动/复制

在 Ribbon 栏单击"造型"→"基础编辑"→"移动/复制"。

使用该命令移动或复制实体。中望 3D 提供六种不同方式，它们分别是动态移动/复制、点到点移动/复制、沿方向移动/复制、绕方向旋转、对齐坐标移动/复制、沿路径移动/复制，复制效果如图 3-143 所示。

5. 缩放

在 Ribbon 栏单击"造型"→"基础编辑"→"缩放"。

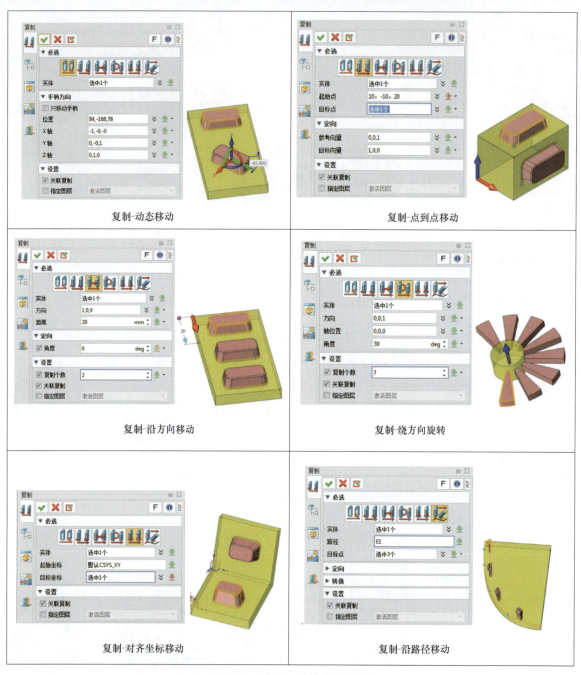

图 3-143 六种不同方式复制的效果

使用该命令进行均匀或非均匀实体缩放，如图 3-144 所示。

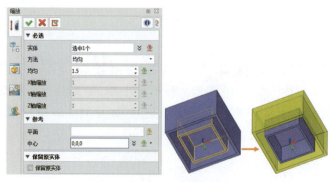

图 3-144 缩放

课题六 变 形

中望 3D 提供一些变形特征，如折弯、变形等。通过使用这些特征，用户可以快速改变实体的形状。当然，这类命令通常用在对参数要求不严格的模型上。

1. 折弯

（1）圆柱折弯

在 Ribbon 栏单击"造型"→"变形"（界面见图 3-145）→"圆柱折弯"。

图 3-145　变形模块界面

使用该命令折弯圆柱，有两种定义造型的方法：设置折弯半径或折弯角度。图 3-146 展示折弯半径的方法。

步骤 01　选中齿条作为造型对象，选择底面作为基准面。

步骤 02　使用折弯半径的方法，设置半径值为 50mm。

步骤 03　设置其他参数如图 3-146 所示，得到结果。

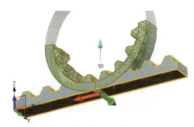

图 3-146　圆柱折弯

（2）圆环折弯

在 Ribbon 栏单击"造型"→"变形"→"圆环折弯"。

使用该命令折弯圆环，圆环折弯广泛用于戒指、手镯和瓶子的设计。

步骤 01　选中造型对象，选中底面作为基准面。

步骤 02　设置如图 3-147 所示参数，得到结果。

图 3-147　圆环折弯

(3) 扭曲

在 Ribbon 栏单击"造型"→"变形"→"扭曲" 。

此命令也称螺旋折弯,用于沿指定轴扭曲造型。扭曲特征广泛用于齿轮、刀具和钻头的设计。

步骤 01 选中六面体作为造型对象,选中正面作为基准面。

步骤 02 定义扭曲范围为"-50mm",扭曲角度为"360°",扭曲结果如图 3-148 所示。

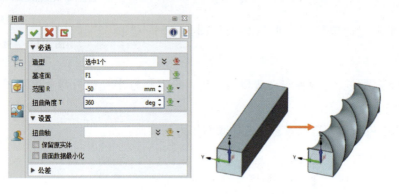

图 3-148 扭曲

(4) 锥形

在 Ribbon 栏单击"造型"→"变形"→"锥形" 。

使用该命令使造型变为锥形,并使其在指定的一侧变小。该命令与拔模命令类似,在某种情况下,可以代替拔模功能,如图 3-149 所示。

(5) 伸展

在 Ribbon 栏单击"造型"→"变形"→"伸展" 。

使用该命令在指定范围内沿着 X、Y 和 Z 方向伸展造型。伸展命令与缩放命令不同,缩放因子和各个点的伸展效果不同,伸展效果如图 3-150 所示。

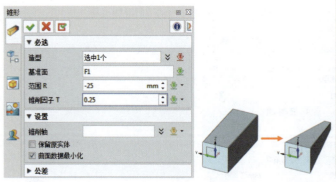

图 3-149 锥形

图 3-150 伸展

2. 变形

(1) 由指定点开始变形

在 Ribbon 栏单击"造型"→"变形"→"由指定点开始变形" 。

使用该命令通过扭曲面几何体来转变造型。修改不限于单个面,而是跨越各边保持实体造型的整体性。通过抓取面上的点以及使用不同方式拖拽实现转变。它有六种方法可以移动面上的点。图 3-151

所示例子展示沿方向转变的效果。

步骤 01 选中勺子造型作为几何体。

步骤 02 定义一个或多个点作为变形参考点。图 3-151 所示是一个点。

步骤 03 定义"Z 轴"为方向,变形距离为 25mm。

步骤 04 设置"影响"为 75mm,其他参数如下:

➢ 影响:指定影响范围的半径。

➢ 刚性:指定刚性运动的半径。例如,R=100 表示 100%的影响半径。

➢ 凸起:指定过渡区域的凸起因子。

➢ 斜度:指定过渡区域的斜度。

➢ 平坦/凸起:这决定了新点的曲面是圆顺(平坦)或是尖锐(凸起)。当拖拽零件的角或边缘的点时,这个选项非常有用。

(2)由指定曲线开始变形

在 Ribbon 栏单击"造型"→"变形"→"由指定曲线开始变形" 由指定曲线开始变形。

该命令与"由指定点开始变形"命令类似。同样是通过扭曲面几何体来转变造型。此命令允许用户在模型或贯穿模型的基准平面上抓取曲线。曲线或平面附近的曲面就像曲面附近的点一样被拖拽,操作示例如图 3-152 所示。

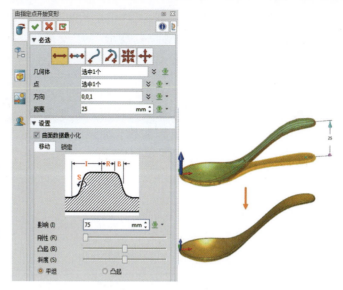

图 3-151　由指定点开始变形

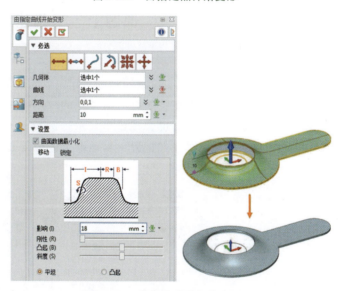

图 3-152　由指定曲线开始变形

(3)通过偏移变形

在 Ribbon 栏单击"造型"→"变形"→"通过偏移变形" 通过偏移变形。

该命令与"由指定曲线开始变形"命令类似,同样也是通过扭曲面几何来转变造型。该命令允许用户抓取造型上的曲线并对其进行偏移,而不是移动曲线,操作示例如图 3-153 所示。

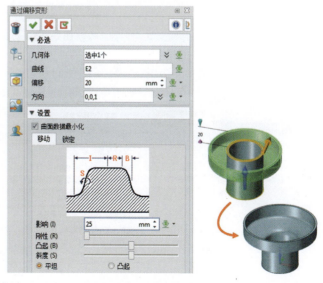

图 3-153　通过偏移变形

（4）变形为另一曲线

在 Ribbon 栏单击"造型"→"变形"→"变形为另一曲线" 变形为另一曲线。

该命令与"由指定点开始变形"和"由指定曲线开始变形"命令类似。此命令允许用户抓取模型上的曲线，并对其变形为目标曲线。曲线附近的曲面可以被修改，操作示例如图 3-154 所示。

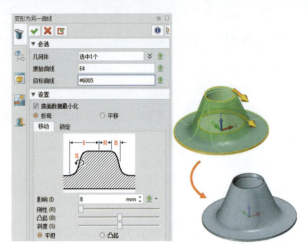

图 3-154　变形为另一曲线

课题七　三维建模注意事项

1. 历史管理器

在中望 3D 软件中，历史管理器是进入建模后默认呈现的管理器类型，主要用来管理模型创建过程中产生的历史特征。可以在"工具"菜单栏的"ZW3D 管理器"里进行开关设置。除此之外，其他一些基于当前模型状态的信息也会在这里显示，例如实体/曲面/线框/表达式等信息，如图 3-155 所示。这些信息的显示与否可以在"配置"对话框中进行设置，如图 3-156 所示。

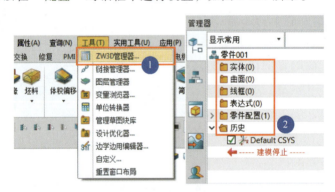

图 3-155　历史管理器

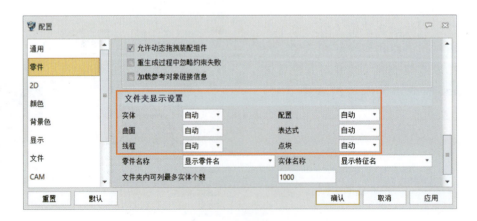

图 3-156　配置对话框

如果需要回放建模历史，既可以使用历史指针去拖拽浏览，也可以使用"回放"按钮去播放，如图3-157所示。

2. 基准

无论使用什么样的3D建模软件，都会提供默认基准。在中望3D软件中，默认的基准是Default CSYS（Coordinate System），即默认坐标系，也是系统提供的世界坐标系，如图3-158所示。图中红色/绿色/蓝色显示的轴称为三重轴，可以在视觉管理器中双击"中心点三重轴显示"选项控制三重轴显示。如图3-159所示，三重轴被关闭显示。

➤ 基准面创建。除了基准坐标系，还可以在建模过程中的任何时候创建基准面坐标系。如图3-160所示，基准面通过第四种方式——偏移默认XZ平面的方式创建。同时也可以通过其他图示类型创建基准面。

图 3-157　回放历史

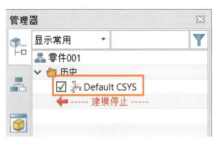

图 3-158　默认坐标系

图 3-159　关闭三重轴显示

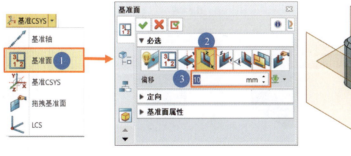

图 3-160　创建基准面

➤ 基准面自动缩放。如果习惯大尺寸基准面显示，可以在视觉管理器中打开"自动缩放"功能，如图3-161所示。打开之后，基准面会根据模型的几何边界自动调整显示大小。

➤ 基准面显示与隐藏。如果需要隐藏基准面，依旧可以在视觉管理器中进行操作，如图3-162所示，可以同时隐藏局部和全局基准面。

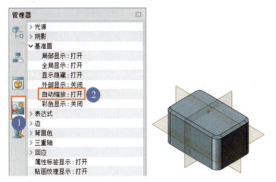

图 3-161　基准面自动缩放

图 3-162　隐藏基准面

3. 特征操作

中望 3D 的建模方式是基于特征的建模，这就意味着可以在特征层面进行很多操作。

➤ 编辑/重定义特征。

如图 3-163 所示，在特征上右击，可以进行"重定义"→"抑制"或者"删除"特征等操作。

图 3-163 特征操作

➤ 特征重排序。在建模过程中，有时为了得到不同的结果，可以选择对特征顺序进行微调。在中望 3D 中只需要选中目标特征，然后将其拖到目标位置即可。如图 3-164 所示模型，是先做圆角后抽壳的结果。

然而如果先抽壳后圆角，将会是另外一种结果，如图 3-165 所示。

图 3-164 先圆角后抽壳　　　　　　　图 3-165 先抽壳后圆角

➤ 插入特征。如果需要在最后一步操作之前插入其他特征，则可以直接拖动历史指针到任何位置，然后创建其他特征，如图 3-166 所示。

4. 显示与视图类型

在中望 3D 软件中，模型显示模式和显示视角均可以在快捷工具栏（DA 快速访问栏）中进行切换，如图 3-167 所示。

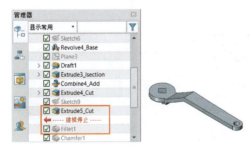

图 3-166 插入特征

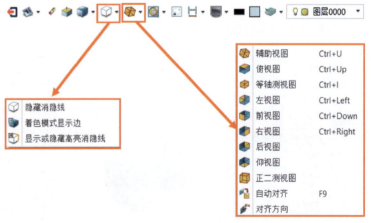

图 3-167 显示模式和显示视角切换

由于着色显示和线框显示是最常见的两种显示模式，在中望 3D 软件中可以在键盘上用<Ctrl+F>键进行切换，如图 3-168 和图 3-169 所示。

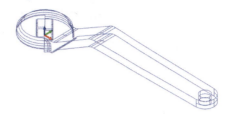

图 3-168　着色显示模式　　　　　　　　　　图 3-169　线框显示模式

➢ 自定义视图。

除了系统提供的几种常见的视图类型，有时候需要调整到特别的视角去审视整个模型。这时候可以单击"视图管理器"→"自定义视图"选项去创建一个新的视图，然后就可以在任何时候切换到自定义的视角。具体自定义步骤如图 3-170 所示。

图 3-170　创建自定义视图

如图 3-171 所示，左上角是系统默认的等轴测视图，双击新创建的视图，将切换到右下角所示的自定义视图。

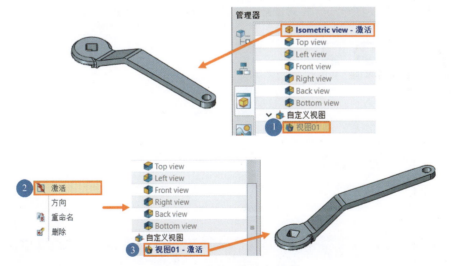

图 3-171　切换到自定义视图

5. 零件外观渲染

为了让零件外观更接近真实零件，基本的外观修改是必要的。在中望 3D 软件中可以单击"视觉样式"菜单栏（图 3-172）→"纹理"面板，使用"面属性"命令进行修改。

在使用该命令时，可以先将过滤器设置为"曲面类型"，然后选择相关的面设置外观参数并将其应用到该面，具体如图 3-173a 所示。另外，如果希望将所有的外观参数应用到整个零件，则可以将过滤器设置为"造型"，进而可以直接选择整个模型并修改其外观，如图 3-173b 所示。

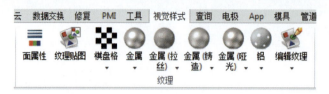

图 3-172 零件外观纹理面板

a)   b)

图 3-173 修改零件外观

如果零件所使用的材料已经明确，则可以在中望 3D 提供的外观纹理列表中去寻找相应的外观纹理，部分外观纹理列表如图 3-174 所示。例如，阀体的材料是铸造金属，那么可以直接选择"金属（铸造）"纹理并将其应用到阀体上面，如图 3-175 所示。

> **说明：** 在中望 3D 软件中显示零件外观时，优先显示系统提供的纹理外观。因此，如果该零件表面先使用了系统提供的零件外观，又想使用"面属性"命令进行零件外观修改，此时，就需要首先使用"删除纹理"命令，将原来纹理删除后，使用"面属性"命令进行的修改才有效。

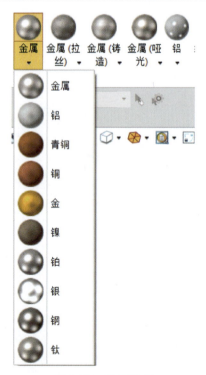

图 3-174 纹理列表

图 3-175 应用金属（铸造）纹理

项目四

产品零件装配设计

装配设计是计算机辅助设计（CAD）中的一种技术和方法，它可以帮助工程师将零件装配成总装配体，并且可以通过虚拟模型分析装配的结构，进行运动模拟和设计。在 CAD 中所有完整的产品都是由多个零件组成的，但是在装配级别上，零件通常称为零部件，也就是说在 CAD 软件中装配件由许多个零部件装配而成。

任务学习目标

1. 能够创建一个球阀装配文件，并创建简单的阀杆装配（子装配）。
2. 能够在根目录菜单栏中创建球阀装配（总装配）。
3. 能够以阀体作为参照来关联参照设计阀盖。
4. 能够使用中望 3D 重用库在球阀装配体中插入 ISO 标准的螺栓和螺母。
5. 能够对装配验证有问题的零件进行尺寸数据修改。
6. 能够使用组件、约束、基础编辑、基准面、库、查询、爆炸视图等操作面板上的命令（图 4-1）完成复制产品零件的装配设计。

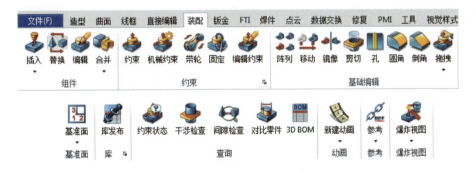

图 4-1 装配操作面板上的命令

典型工作任务

任务完成目标

完成图 4-2 所示的球阀装配设计任务，可参考图 4-3 所示球阀装配图。

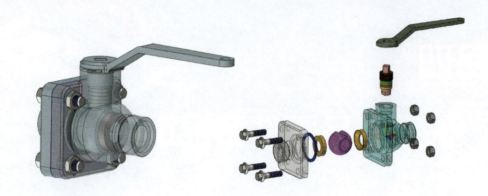

图 4-2 球阀装配设计任务

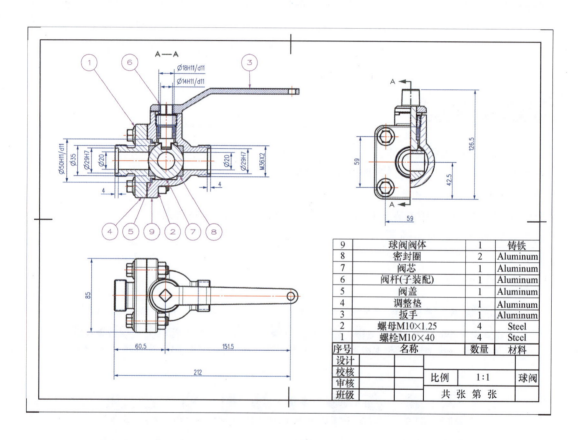

图 4-3 球阀装配图

任务实施步骤

阀杆（子装配）步骤

使用中望 3D 软件进行产品零件装配设计。

任务 4.1 创建阀杆装配（子装配）

步骤 01 创建一个装配文件。在菜单栏中创建一个新的装配对象，文件名称为"阀杆（子装配）"，然后单击"确认"按钮进入阀杆（子装配）的装配层级，如图 4-4 所示。

项目四　产品零件装配设计

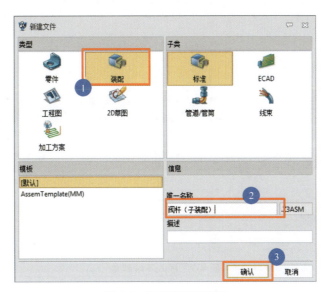

图 4-4　创建阀杆子装配

步骤 02　插入第一个组件阀杆。

1）从"装配"菜单栏选择"插入"命令，如图 4-5 所示。

2）在"插入"命令中选择插入"阀杆"，然后选择"坐标原点"作为插入位置，选择"XY 基准面"作为插入面。因为这是装配中插入的第一个组件，所以建议最好勾选"固定组件"选项。最后单击"确定"按钮固定第一个组件，如图 4-6 所示。

图 4-5　使用"插入"命令

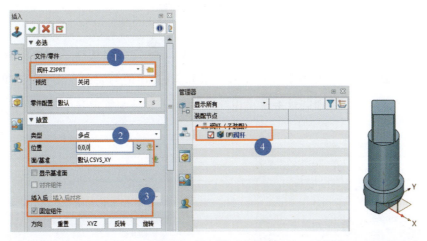

图 4-6　插入第一个组件

步骤 03　插入第二个组件下填料垫。选择"插入"命令插入"下填料垫"，然后选择任意位置插入并取消勾选"固定组件"选项，单击"确定"按钮后约束窗口会自动弹出，如图 4-7 所示。

步骤 04　添加重合约束。在"约束"窗口中选择"重合约束"，并选择下填料垫的底面（图中青蓝色部分）作为实体 1，阀杆中的平面（图中粉红色部分）作为实体 2，然后设置偏移值为 0mm 后单击"确定"按钮，如图 4-8 所示。

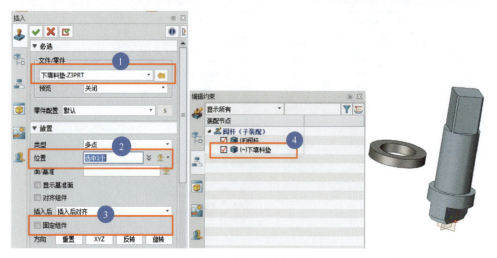

图 4-7 插入下填料垫

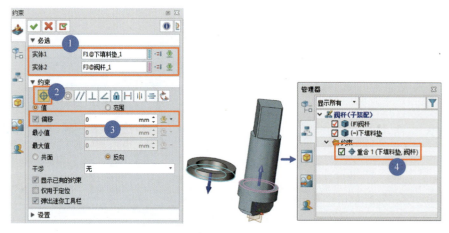

图 4-8 添加重合约束

步骤05 添加同心约束。如图 4-9 所示,在"约束" 窗口中选择"同心约束" ,并选择下填料垫的内表面(图中粉红色部分)作为实体1,阀杆中的侧表面(图中青蓝色部分)作为实体2,然后勾选"锁定角度"选项后单击"应用" 按钮,在装配管理器中可以看到下填料垫处于完全约束状态。

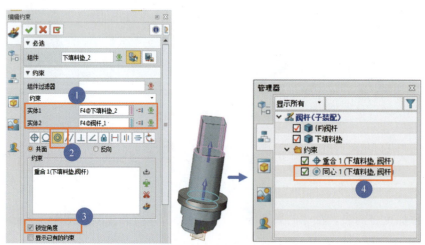

图 4-9 添加同心约束

项目四　产品零件装配设计

步骤 06　采用和前面步骤同样的方法插入其他的下填料垫、上填料垫和填料压盖，结果如图 4-10 所示。

现在完成了阀杆（子装配）的装配工作，接下来将学习完成整个球阀的装配工作。

图 4-10　插入剩余的组件

任务 4.2　创建球阀装配（总装配）

> 第一部分：创建装配文件。

步骤 01　创建一个新的装配对象。在这一步中，会创建"球阀（总装配）"文件，然后进入球阀（总装配）的装配层级，在后续的操作中会在这个装配层级插入需要的组件，如图 4-11 所示。

> 第二部分：插入第一个组件（阀体）并固定它。

步骤 02　使用"插入"  命令插入阀体作为第一个组件，选择"坐标原点"作为插入位置，然后旋转方向使阀体的后水平面朝向位置与"XZ 基准面"保持平行一致。此外，因为这是装配中插入的第一个组件，所以建议勾选"固定组件"选项，如图 4-12 所示。

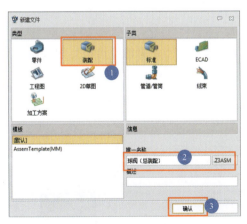

图 4-11　创建球阀总装配

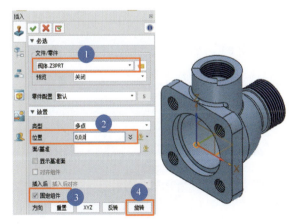

图 4-12　插入阀体

> 第三部分：插入组件（密封圈）然后添加约束。

步骤 03　使用"插入"命令插入密封圈，然后选择任意位置插入并取消勾选"固定组件"选项，单击"确定"按钮，如图 4-13 所示。

步骤 04　插入密封圈后，选择"重合约束"重合，并选择密封圈的底面作为实体 1，阀体中

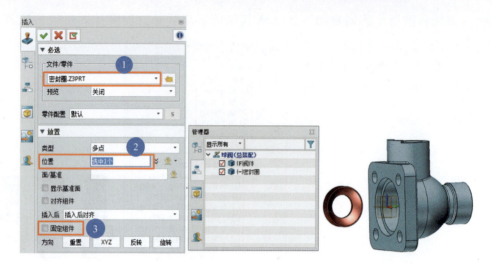

图 4-13 插入密封圈

的平面作为实体 2，然后设置偏移值为 0mm，如图 4-14 所示，单击"应用" 按钮。

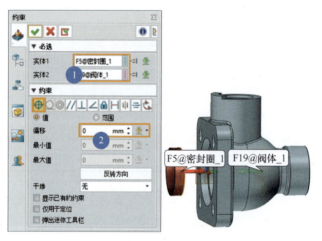

图 4-14 添加重合约束（一）

步骤 05 如图 4-15 所示，选择"同心约束" 同心，并选择密封圈的外侧面作为实体 1，阀体中的内侧面作为实体 2，然后勾选"锁定角度"选项后单击"应用" 按钮，约束后的结果如图 4-16 所示。

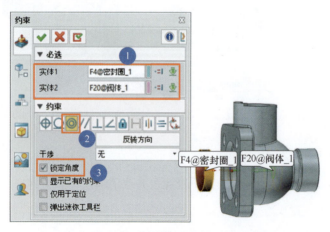

图 4-15 添加同心约束（一）

图 4-16 完全约束的密封圈

> 第四部分：插入组件（阀芯），然后添加约束。

步骤 06 使用"插入"命令插入阀芯，并在其右键菜单中选择"显示外部基准面"选项，然后对阀体执行同样的操作，如图 4-17 所示。

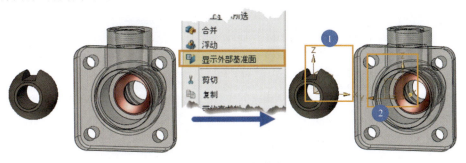

图 4-17　显示外部基准面

步骤 07 如图 4-18 所示，选择"重合约束"重合，并选择阀芯的 XY 面（图中青蓝色部分）作为实体 1，阀体中的 XY 面（图中粉红色部分）作为实体 2，然后设置偏移值为 0mm 后单击"应用"按钮。

图 4-18　添加重合约束（二）

步骤 08 如图 4-19 所示，选择"同心约束"同心，并选择阀芯的球面作为实体 1，阀体内部的曲面作为实体 2，然后单击"应用"按钮。

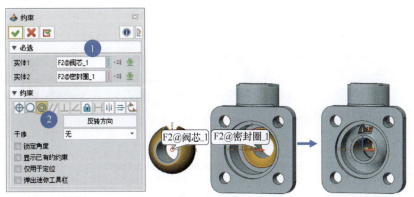

图 4-19　添加同心约束（二）

步骤 09 如图 4-20 所示，选择"角度约束"，并选择阀芯的 YZ 面（图中青蓝色部分）作为实体 1，阀体的 XZ 面（图中粉红色部分）作为实体 2，然后设置角度范围为 0°～90°，单击"应用"

按钮。

图 4-20 添加角度约束

图 4-21 展示了阀芯在角度约束情况下的旋转效果。

图 4-21 旋转阀芯

➤ 第五部分：插入组件（密封圈），然后添加约束。

步骤 10 使用"插入" 插入 命令插入另一个密封圈，为了看到更加清晰的装配过程，可以通过组件右键菜单中的"隐藏"命令来隐藏阀体。然后选择"同心约束" 同心，并选择密封圈的内曲面作为实体 1，阀芯的球面作为实体 2，如图 4-22a 所示，然后单击"应用" 按钮，结果如图 4-22b 所示。

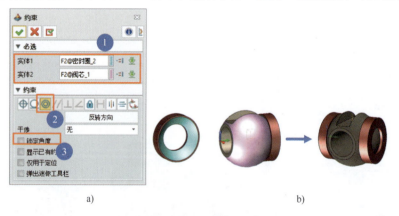

图 4-22 给密封圈添加第一个同心约束

步骤 11 取消隐藏阀体，选择"同心约束" 同心，并选择密封圈的外侧面作为实体 1，阀体的内侧面作为实体 2，然后勾选"锁定角度"选项后单击"应用" 按钮，如图 4-23 所示。

➤ 第六部分：插入组件阀杆（子装配）并添加约束。

步骤 12 插入阀杆（子装配）后，选择"同心约束" ，并选择阀杆的外侧面作为实体 1，阀体的内侧面作为实体 2，然后单击"应用" 按钮，如图 4-24 所示。

球阀（总装配）
步骤13-19

步骤 13 选择"重合约束" ，并选择阀杆的底面作为实体 1，阀芯的顶面作为实体 2，然后设置偏移值为 0mm 后，单击"应用" 按钮，如图 4-25 所示。

步骤 14 选择"平行约束" ，并选择阀杆和阀芯的高亮面分别作为实体 1 和实体 2，然后单击"应用" 按钮，如图 4-26 所示。

在装配管理器中阀杆（子装配）已经处于完全约束状态，如图 4-27 所示。

➢ **第七部分：插入组件（扳手和调整垫）并添加约束。**

步骤 15 插入扳手后，选择"重合约束" ，并选择扳手、阀体的高亮面分别作为实体 1 和实体 2，然后设置偏移值为 0mm 后，单击"应用" 按钮，如图 4-28 所示。

步骤 16 选择"同心约束" ，并选择扳手的侧曲面作为实体 1，阀体的侧曲面作为实体 2，然后单击"应用" 按钮，如图 4-29 所示。

图 4-23 给密封圈添加第二个同心约束

图 4-24 添加同心约束（三）

图 4-25 添加重合约束（三）

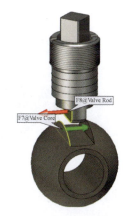

图 4-26 添加平行约束（一）

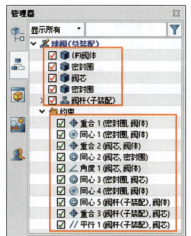

图 4-27 装配管理器中的约束状态

步骤 17 选择"平行约束" //，并选择图片中扳手和阀体的高亮面分别作为实体 1 和实体 2，然后单击"应用" ✓ 按钮，如图 4-30 所示。

 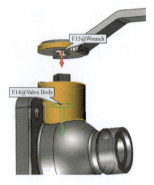 

图 4-28 添加重合约束（四）　　图 4-29 添加同心约束（四）　　图 4-30 添加平行约束（二）

步骤 18 插入调整垫后，选择"重合约束" ⊕，并选择扳手和阀体的高亮面分别作为实体 1 和实体 2，然后设置偏移值为 0mm 后，单击"应用" ✓ 按钮，如图 4-31 所示。

步骤 19 选择"同心约束" ⊚，并选择调整垫的侧曲面作为实体 1，阀体的内侧曲面作为实体 2，然后勾选"锁定角度"选项后，单击"应用" ✓ 按钮，如图 4-32 所示。

图 4-31 添加重合约束（五）　　图 4-32 添加同心约束（五）

至此完成了球阀的大部分装配工作，在装配管理器中可以看到所有的组件都处于完全约束状态，如图 4-33 所示。

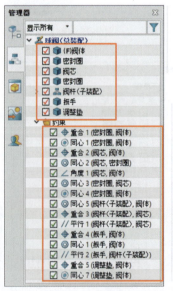 

图 4-33 球阀装配

88

任务 4.3 关联参考设计

对于一个完整的球阀装配，上面完成的装配工作中还有阀盖没有完成，接下来将以阀体作为参照来设计阀盖，这称为关联参考设计，在这个任务案例中，阀盖将参考阀体来设计。

按照下面的步骤在装配层级来进行阀盖的建模。

➢ 第一部分：在装配层级创建一个新的文件。

步骤 01 在"造型"菜单栏新建一个"阀盖"零件文件，并保存，如图 4-34 所示。打开"球阀（总装配）"文件，在"装配"菜单栏中选择"插入"命令，并在命令窗口中选择新创建的阀盖组件，插入后单击"确定"按钮，然后可以发现阀盖已经成功创建并激活，如图 4-35 所示。

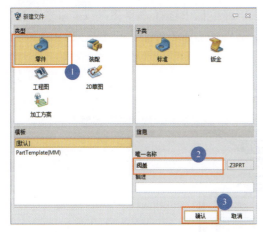

图 4-34 新建一个"阀盖"零件文件

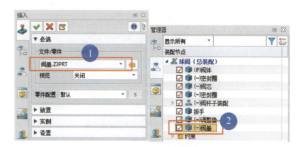

图 4-35 在插入窗口中创建阀盖

➢ 第二部分：创建参考建模。

步骤 02 在"装配"菜单栏中选择"参考"命令，并选择"面参考"选项，然后选择阀体上的面并勾选"关联复制"选项，然后单击"确定"按钮，如图 4-36 所示。

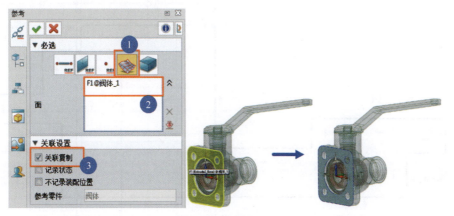

图 4-36 创建面参考

➢ 第三部分：实体建模。

步骤 03 首先选中步骤 02 中"关联复制的参考面"，然后在"造型"菜单栏中选择"拉伸"命令。此时阀体中的参考面自动进行添加作为"轮廓 P"的捕捉面，再如图 4-37 所示设置拉伸起始点 S 和结束点 E 分别为"0.5mm"和"14.5mm"。

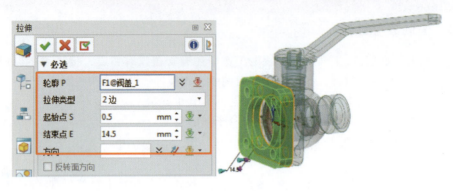

图 4-37 拉伸参考面

步骤 04 如图 4-38 所示,在"造型"菜单栏中选择"草图" 草图 命令,并选择阀体的"YZ 基准面"作为草图平面和"Z 轴"作为向上方向。

关联参考设计步骤4-5

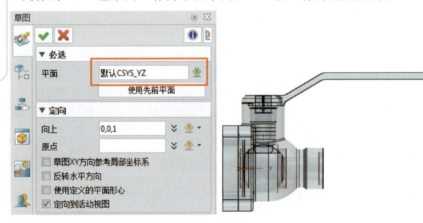

图 4-38 在阀盖中创建草图

步骤 05 按照图 4-39 所示形状和尺寸绘制好草图,然后返回到建模界面。

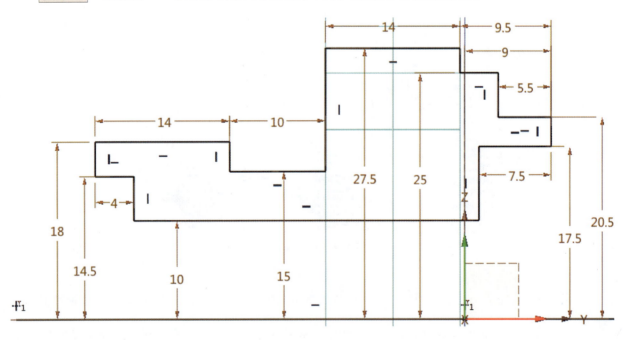

图 4-39 在阀盖中创建草图

90

项目四 产品零件装配设计

步骤06 在"造型"菜单栏中选择"旋转"命令，按照图4-40所示设置好参数，然后在"布尔运算"中选择"加运算"，并选择上一步创建的拉伸实体作为布尔造型。

关联参考设计步骤6-8

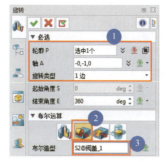 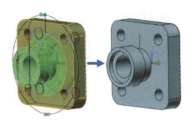

图 4-40 旋转草图特征

步骤07 在"造型"菜单栏中选择"圆角"命令，按照图4-41所示对阀盖的边添加半径为"2mm"的圆角。

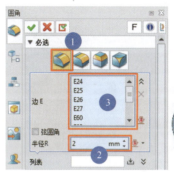 

图 4-41 添加圆角

步骤08 在"造型"菜单栏中选择"倒角"命令，按照图4-42所示对阀盖的边添加距离为"1mm"的倒角。

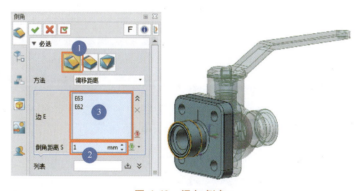

图 4-42 添加倒角

现在完成了阀盖的建模工作，双击装配管理器中的总装配来查看整个球阀装配，如图4-43所示。接下来将会在球阀装配中插入螺栓和螺母标准件。

图 4-43 总装配

91

任务 4.4　插入标准件

插入标准件
步骤1-2

本任务将会使用中望 3D 界面右侧的"重用库"功能在球阀装配体中插入 ISO 标准螺栓和螺母，如图 4-44 所示。

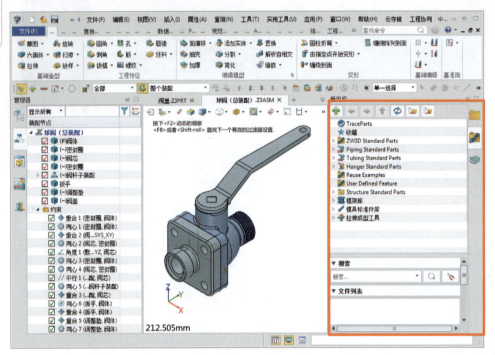

图 4-44　重用库在中望 3D 界面的右侧位置

步骤 01　在球阀（总装配）中，打开"重用库"界面，然后选择"ZW3D Standard Parts"中的"Hexagon Head Bolts"，在文件列表中选择"Hex bolts with flange ISO15071.Z3"，然后输入直径"10mm"，在"放置类型"中选择"自动孔对齐"选项并勾选"对齐组件"选项，如图 4-45 所示。

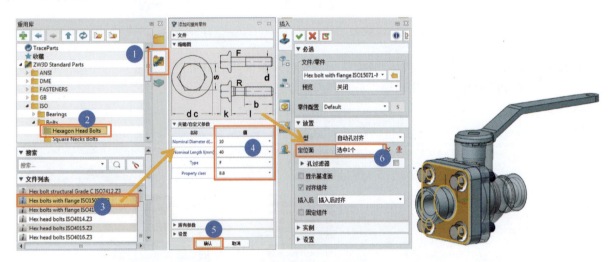

图 4-45　使用重用库插入 Hexagon Head Bolts

步骤 02　使用同样的方法，如图 4-46 所示，插入 ISO 标准"Hexagon Nuts（10mm）"。

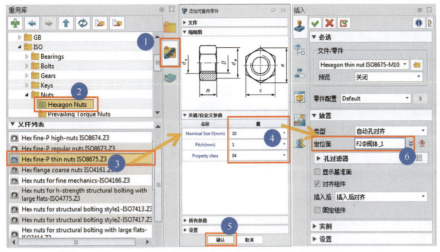

图 4-46　使用重用库插入 Hexagon Nuts

任务 4.5　验证装配与修改参数

验证装配与
修改参数

在进行干涉检查时发现整个装配中标准件和阀体之间有干涉现象，如图 4-47 所示。因此，阀体和阀盖的总尺寸都需要修改，但是由于这两者之间使用了关联参考设计，所以只用更改阀体的尺寸，然后阀盖的尺寸就会自动更新。

步骤 01　双击激活阀体并返回历史管理器，双击表达式中的"长度变量"，然后把值由"75mm"修改为"85mm"，如图 4-48 所示。

步骤 02　当修改完成基体长度后，此时模型显示为过时状态，这时需要右击历史管理器的空白区域，然后选择"重生成历史"选项，或者直接在中望 3D 左上角的菜单中单击"自动生成当前对象"按钮，如图 4-49 所示。

图 4-47　检查标准件与阀体之间的干涉

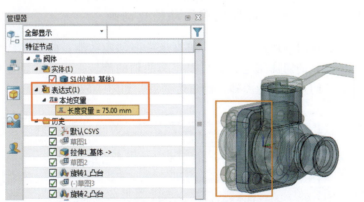

图 4-48　修改表达式中的基体长度数值

图 4-49　修改基体长度数值后重生成历史

步骤 03 返回球阀（总装配）界面，并在装配管理器的右键菜单中单击"重生成全部组件"选项，然后阀盖模型和标准件的位置将会被自动更新，如图 4-50 所示。

图 4-50　重生成全部组件

步骤 04 打包保存全部装配文件夹，如图 4-51 所示。

图 4-51　打包保存整个装配文件夹

任务 4.6　曲轴连杆机构运动仿真动画

曲轴连杆机构运动仿真动画

下面通过曲轴连杆机构运动仿真来学习动画功能。曲轴连杆机构最初是一个驱动曲轴连杆旋转的四活塞连杆，可以定义曲轴的旋转来模拟曲轴连杆的运动。在此前提下，将驱动约束锁定为曲轴上的角度约束，如图 4-52 所示。

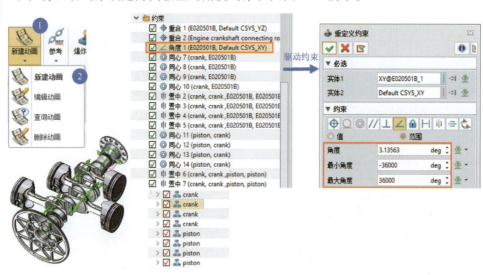

图 4-52　案例分析

项目四 产品零件装配设计

步骤 01 单击"新建动画" 命令,设置时长"15"和名称"Animation2"。然后,将自动生成关键帧的开始时间和结束时间,如图4-53所示。

图 4-53 创建新的动画

步骤 02 通过单击"参数" 命令和选择参数来添加驱动参数,如图4-54所示。

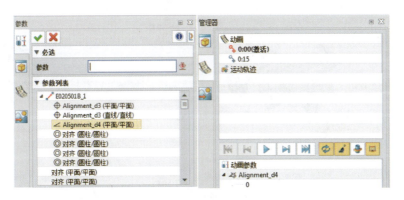

图 4-54 添加驱动参数

注意:原装配中必须要有可控制曲轴旋转的约束(角度约束),如图4-55所示。

图 4-55 驱动曲轴旋转约束

步骤 03 将"0:00关键帧"的参数值设置为"0",因为它是初始位置,如图4-56所示。

步骤 04 单击"关键帧" 命令来创建0:01关键帧,设置参数值为"90",如图4-57所示。

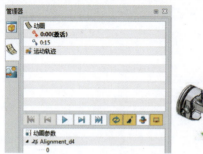   

图 4-56　0∶00 关键帧　　　　　　　　　　　图 4-57　0∶01 关键帧

步骤 05　单击"关键帧" 命令来创建 0∶02 关键帧，设置参数值为"180"，如图 4-58 所示。

步骤 06　单击"关键帧" 命令来创建 0∶03 关键帧，设置参数值为"270"，如图 4-59 所示。

图 4-58　0∶02 关键帧　　　　　　　　　　　图 4-59　0∶03 关键帧

步骤 07　单击"关键帧" 命令来创建 0∶04 关键帧，设置参数值为"360"，如图 4-60 所示。

步骤 08　以此类推，单击"关键帧" 命令来分别创建 0∶05～0∶15 关键帧，分别设置参数值为"480、600、720、900、1080、1440、2000、2800、3800、4800、6120"。通过修改时间间隔或参数值来控制运动速度，播放已完成的关键帧。

图 4-60　0∶04 关键帧

步骤 09　添加相机位置，为每个关键帧切换不同的视图，如图 4-61 所示。

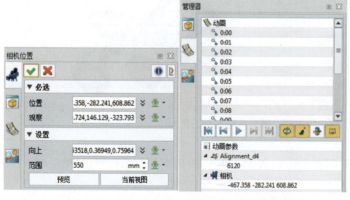 

图 4-61　添加相机位置

项目四　产品零件装配设计

步骤 10　单击"录制动画" 命令来渲染 MP4 格式动画视频，结果如图 4-62 所示。

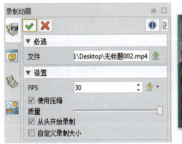

图 4-62　录制动画视频

项目知识拓展

课题一　装配设计概述

在 CAD 中所有完整的产品都是由多个零件组成的，但是在装配级别上，零件通常称为零部件，也就是在 CAD 软件中装配件由零件装配而成。

以下为相关术语和定义。

零件：指独立的单个模型。零件由设计变量、几何形状、材料属性和零件属性组成。

组件：指组成子装配的最基本的单元。此外，当组件不在装配中时它被称作零件。

装配：指装配建模的最终成品，也可以称为产品，它由具有约束的不同子装配或零部件组成，如图 4-63 所示。

子装配：通常来说是第二级或第二级以下的装配，并由具有约束的不同子装配或组件组成，如图 4-64 所示。

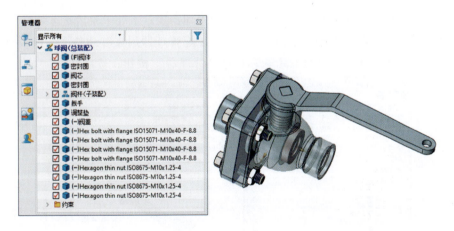

图 4-63　装配

约束：在装配中，可以通过约束定义组件的空间位置和组件之间相对运动，然后可以分析零件之间是否存在干涉以及它们是否运动正常，如图 4-65 所示。

图 4-66 的装配层级树可以帮助设计者更好地了解不同的组件与装配之间的层级关系。装配在不同层级可分为多个子装配和组件，同时每一个子装配也由不同的组件组成。在装配树中，每一个分支代表着不同的组件和子装配，装配树的最高级是总装配。

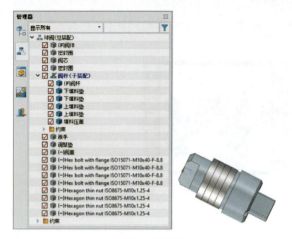
图 4-64　子装配

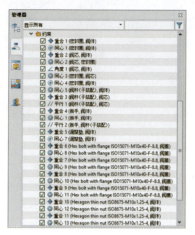
图 4-65　中望 3D 装配管理器中的约束

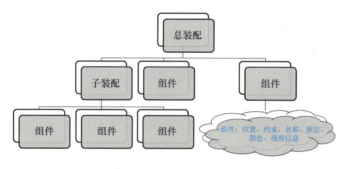
图 4-66　装配层级树

课题二　装配设计注意事项

1. 管理器介绍

管理器是中望 3D 数据管理器中的一个标签，装配管理器展示了处于激活状态装配中所有插入的组件，组件之间的父/子装配关系以及组件之间的约束。装配管理器用来管理整个装配设计工作的流程，它可以通过单击中望 3D 软件右下角的工具菜单中的 "管理器" 按钮，然后选择 "装配管理器" 标签

图 4-67　打开/关闭管理器

打开，也可以通过右击图形区域的空白部分来打开。

图 4-67 展示的是一个装配管理器的示例，它通常包括组件和约束。

在装配管理器中还有一些常用的选项：

➢ 过滤器。

过滤器可以用来选择只显示组件或约束，或者两者都显示，如图 4-68 所示。

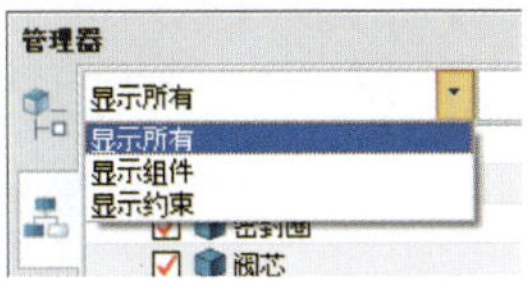

图 4-68　过滤器

➢ 选择/预览组件。

装配管理器中显示了已激活装配件的信息，当移动光标到某个组件上时，这个组件会被高亮显示，并且在装配管理器中会被定位出来，如图 4-69 所示。

图 4-69　选择/预览组件

➢ 隐藏/显示组件。

在装配管理器中组件的右键菜单或者快捷工具栏（DA 快速访问栏）中可以选择显示和隐藏组件，同样可以在装配管理器中通过取消勾选组件来进行隐藏操作，如图 4-70 所示。

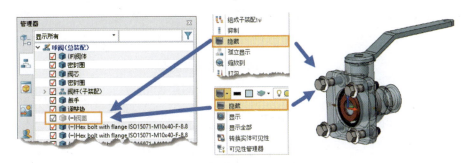

图 4-70　隐藏/显示组件

➢ 抑制/释放抑制组件。

在装配管理器的右键菜单中可以对组件进行抑制和释放抑制操作，如果组件被抑制，则其相关联的约束将会失效，如图 4-71 所示。

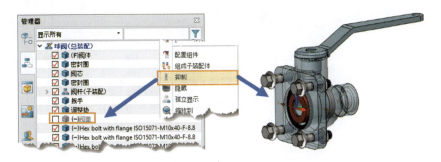

图 4-71　抑制组件

➢ 禁用/启用约束。

当右击约束时可以禁用和启用选定的约束，如果选择禁用约束，则约束失效，如图4-72所示。

图 4-72　禁用约束

➢ 组件和约束的显示方式。

在中望3D的装配管理器中有"分离模式"和"组合模式"两种模式，在这两种模式中，约束可以在不同的位置显示，在分离模式中，所有的组件和约束会分开显示；在组合模式中，所有的组件和相关的约束将会一起显示，图4-73a展示了分离模式，图4-73b展示了组合模式，可以通过右键菜单中的相应选项在这两种模式之间进行切换。

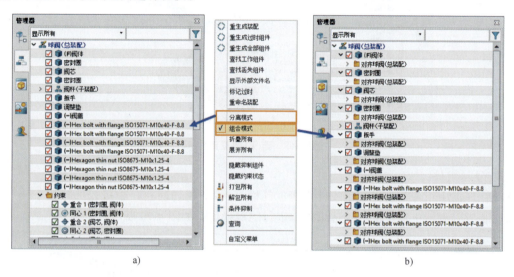

图 4-73　分离模式和组合模式

➢ 显示父装配体。

在装配管理器中可以查看激活状态下的组件之间的父/子关系以及约束关系，此外，还可以选择组件右键菜单中的"显示父装配体"，如图4-74所示。

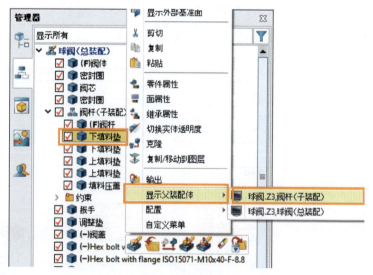

图 4-74　显示父装配体

关于右键菜单的更多详细介绍可以参考中望3D帮助文档中的装配管理器内容。

2. 插入组件

在装配模块中，涉及的工具都可以在"装配"工具栏下面找到，首先使用"插入"命令插入第一个组件，如图4-75所示，"插入"命令可以在"装配"工具栏下或者图形区域空白部分的右键菜单中找到。

为了更加方便地在文件/零件中选择需要插入的组件，可以在预览窗口选择"图像"功能预览，然后选择插入的位置，可以通过输入插入点坐标或者在图形区域选择插入点来定义插入的位置。此外，建议对首个插入的组件勾选"固定组件"选项，这样后面插入的组件就可以以第一个插入的组件为参照来固定插入位置，如图4-76所示。

3. 定义约束

当插入组件到装配文件中后，如何去固定不同组件之间的相对位置和活动范围呢？在装配设计中除了需要插入组件，还需要给插入的每个组件定义好合适的约束。在中望3D的"装配"工具栏中可以在"约束"面板中看到多个不同的命令，如图4-77所示，它们分别是约束、机械约束、固定以及编辑约束，在这一节中将介绍"约束"命令。

在添加约束时，与组件的几何特征相比，更建议优先使用组件的基准面来进行约束定义，因为当组件发生变化时基准面不会被影响。

现在以球阀阀芯为例来介绍如何使用基准面来定义约束。

首先需要在组件的右键菜单中选择"显示外部基准面"选项，如图4-78所示，然后组件的外部参照面将会被显示出来。

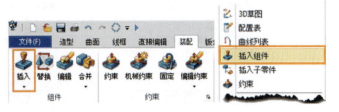

图4-75 插入命令

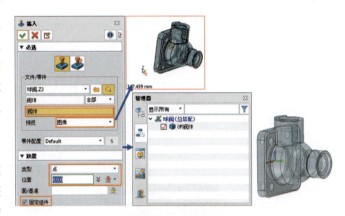

图4-76 插入组件

图4-77 "约束"面板

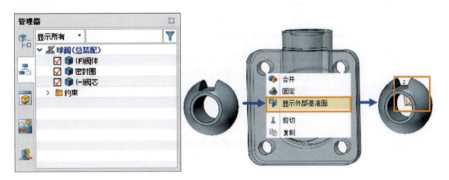

图4-78 显示外部基准面

对于部分组件来说，如果图形区域显示的基准面尺寸不够大，为了更方便地选中它们，单击"视觉管理"→"基准面"→"自动缩放"选项，打开自动缩放，如图4-79所示。

图 4-79 打开自动缩放

4. 编辑约束

在中望 3D 中除了检查约束状态，还可以重新定义约束，通过装配管理器或者图形区域中组件的右键菜单单击"编辑约束"选项来打开约束编辑窗口，除此之外还可以通过"装配"菜单栏的"编辑约束"命令来编辑约束，如图 4-80 所示。

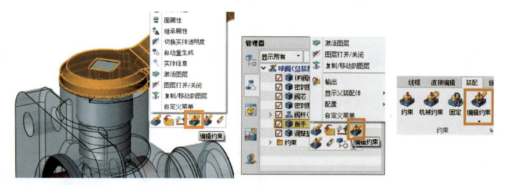

图 4-80 编辑约束

通过"编辑约束"对话框可以看到选中组件所有相关联的约束，然后单击具体的约束来进行编辑，如图 4-81 所示。

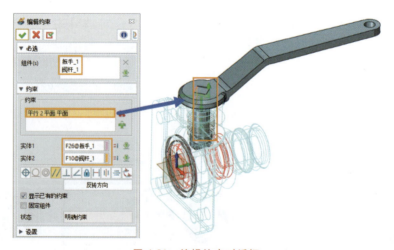

图 4-81 编辑约束对话框

5. 检查约束状态

在给所有的组件定义好约束后，通常需要检查是否有约束缺失的现象，即组件是否处于完全约束状态，接下来将介绍如何去检查约束状态。

在中望 3D 软件中可以非常方便地查询不同组件之间的约束状态，其中最方便的方法是检查装配管理器，如图 4-82 所示，在每一个组件的左边都会有一个符号来表示组件的约束状态，这些符号分别是

（F）/（-）/（+），它们所代表的含义分别为：

（F）表示组件处于固定状态。

（-）表示组件处于未完全约束状态，需要给其添加合适的约束。

（+）表示组件处于过约束状态，存在相冲突的多余约束。

没有符号则表示组件处于完全约束的状态。

图 4-82　约束状态

6. 干涉检查

在复杂的装配中很难目视检查出装配内是否存在干涉的情况，在中望 3D 软件中可以通过"干涉检查"命令去检查干涉情况，这个命令可以在"装配"菜单栏下的"查询"面板中找到。"干涉检查"功能提供了两种不同的方式来定义检查域，它们分别是"仅检查被选组件"和"包括未选组件"，以下是这两种检查域的介绍：

➢ 仅检查被选组件。仅检查被选中组件的干涉情况。

➢ 包括未选组件。检查选中组件与未选中组件之间的干涉情况。

首先选中需要检查干涉状态的组件，然后单击"检查"按钮，就会得到干涉检查结果。如图 4-83 所示，干涉检查的结果同时展示在图形区域和干涉检查结果窗口中。

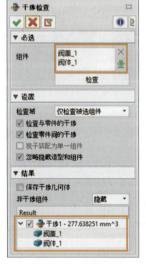

图 4-83　干涉检查

➢ 动态剖面检查。如果想要在干涉区域显示更加清晰的结果，可以使用"查询"菜单栏中的"剖面视图"命令，它可以展示动态和可视化的干涉检查结果，图 4-84 显示了干涉区域的剖面视图。

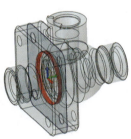

图 4-84　动态剖面检查

7. 爆炸视图

爆炸视图和动画设计

为了帮助用户更加清楚地理解装配内部的细节以及装配过程，使用中望 3D"装配"菜单栏下面的"爆炸视图"命令可以进入到一个独立的工作区域中去创建爆炸视图，如图 4-85 所示。

中望 3D 共有两种创造爆炸视图的方式，一种是单击"添加步骤"按钮来手动创建爆炸视图，另一种是单击"由自动爆炸添加"按钮来自动创建爆炸视图。为了获得更加精确和清晰的爆炸视图，建议使用"添加步骤"来手动创建。

当手动"添加步骤"时，"移动"命令会被激活用来移动组件。在"移动"命令中一共有六种不同的方法来创建爆炸视图。图 4-86 展示了一个"沿方向移动"方法的例子，在这个方法中可以自定义移动方向以及移动距离。

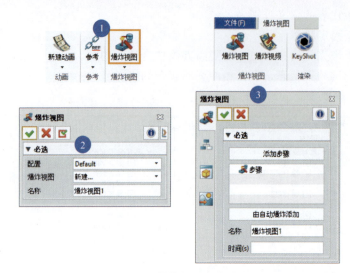

图 4-85　爆炸视图工作区域

图 4-86　沿方向移动

在完成爆炸视图步骤后，可以使用"爆炸视频"命令来把爆炸视图保存为 AVI 格式的视频文件。当回到装配层级时可以在装配管理器中的配置中找到创建好的爆炸视图，如图 4-87 所示。

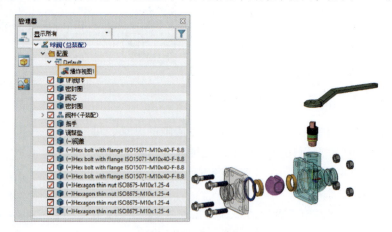

图 4-87　爆炸视图

8. 关联参考

关联参考设计最常用于自顶向下装配，单击"装配"菜单栏→"参考"命令，可以关联其他组件创建参考几何体。

参考功能介绍如下：

在装配参考中，一共有五种不同的参考类型，它们分别是曲线、平面、点、面、造型。在添加关联约束之前，需要在装配文件中先激活相关组件，然后选择"参考"命令，图 4-88 展示了"参考"命令中的面参考，图形区域球阀高亮部分则为选中的参考面。

项目四　产品零件装配设计

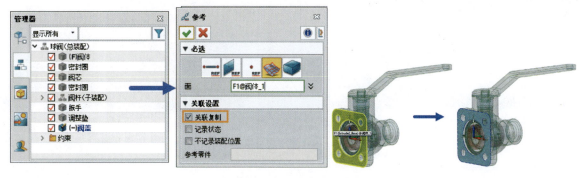

图 4-88　关联参考案例

当完成参考创建后，可以用创建好的参考面创建另外一个几何实体，图 4-89 展示了用参考面拉伸出的一个实体。

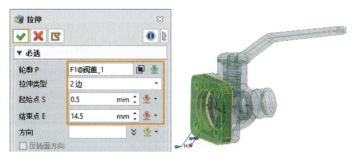

图 4-89　通过参考面拉伸出一个实体

在图 4-88 中可以看到在参考设置界面中勾选了"关联复制"选项，这个选项可以使通过参考创建的实体关联到外部几何体，当勾选这个选项后，每当参考对象发生更新的时候参考创建的几何体也会同时重生成，如果没有勾选这个选项，那么参考创建的几何体就是一次性的并且后期不会跟随参考对象发生更新，图 4-90 展示了勾选/不勾选"关联复制"选项的两种结果的对比。

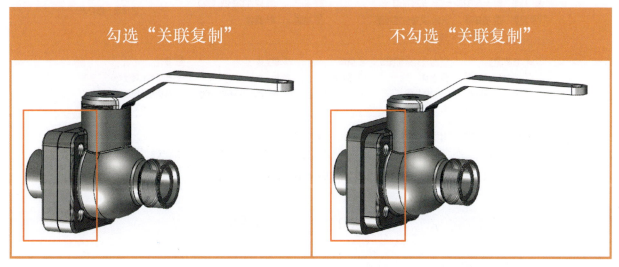

图 4-90　更改阀体尺寸后勾选/不勾选"关联复制"选项结果对比

项目五

创建零件与装配工程图

计算机辅助设计（CAD）中的 2D（二维）工程图用来展示设计对象的工程信息，它包含组件/装配的视图、尺寸标注、符号和注释、文本和表格等。在产品设计和制造生产过程中，尽管中望 3D 软件的 3D 模型已经足够直观和清晰地展示机械零件的设计细节，但是 2D 工程图依然是非常重要，并且被广泛地使用在机械零件设计中。

任务学习目标

1. 能够使用标准、投影、标注命令创建阀盖零件图，并保存格式为 Z3DRW 的工程图文件。
2. 能够创建球阀装配图，并保存格式为 Z3DRW 的工程图文件。
3. 能够使用视图、表、标注、注释、编辑标注等操作面板上的命令（见图 5-1）完成复杂零件图和装配图的设计。

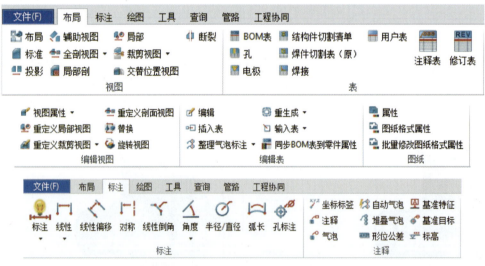

图 5-1 工程图操作面板上的命令

典型工作任务

任务完成目标

完成如图 5-2 所示的零件图和图 5-3 所示的装配图。

项目五 创建零件与装配工程图

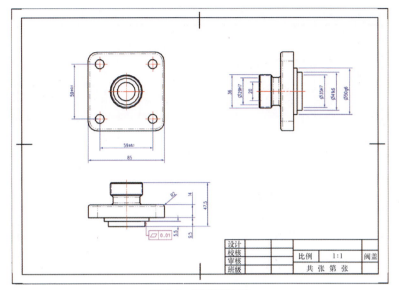

图 5-2 阀盖零件图

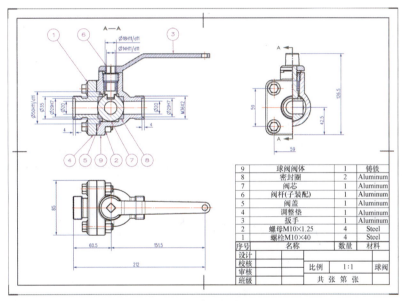

图 5-3 球阀装配图

任务实施步骤

任务 5.1 创建产品零件工程图

本任务将以阀盖为例介绍如何创建零件工程图。图 5-4 所示为阀盖零件图样。

5.1.1 创建视图

创建视图

步骤 01 打开阀盖零件，右击绘图区空白处，选择"2D 工程图"选项，然后选择"A4_H（ANSI）"作为模板，如图 5-5 所示。

步骤 02 在"布局"菜单栏下选择"标准" 命令，视图类型选择"前视图"，然后比例设置为 1∶1.5，如图 5-6 所示。

107

中望3D标准教程

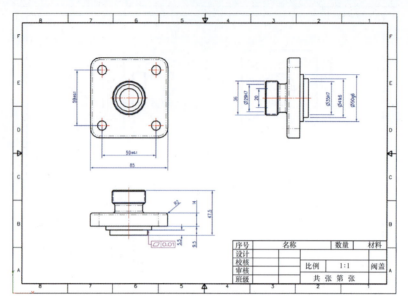

图 5-4 阀盖零件图样

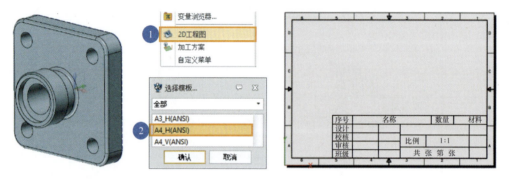

图 5-5 创建阀盖工程图

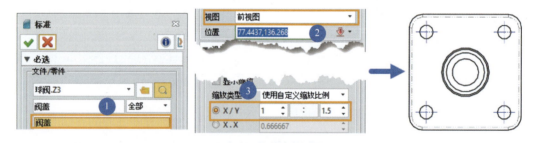

图 5-6 创建阀盖前视图

步骤 03 在"布局"菜单栏下选择"投影" 投影 命令,创建阀盖的另外两个视图,如图 5-7 所示。

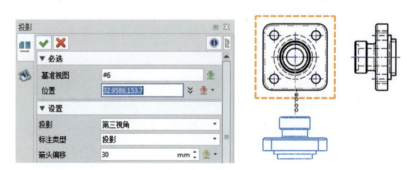

图 5-7 阀盖投影视图

108

5.1.2 添加注释与符号

添加注释与符号

步骤 01 从"标注"菜单栏中选择"快速标注" 命令，并在阀盖前视图两个螺纹孔之间添加尺寸，然后双击这个新添加的尺寸标注就会弹出"修改标注"对话框，在"标注工具"中设置尺寸精度，也可以使用"修改公差" 命令设置尺寸公差，如图5-8所示。

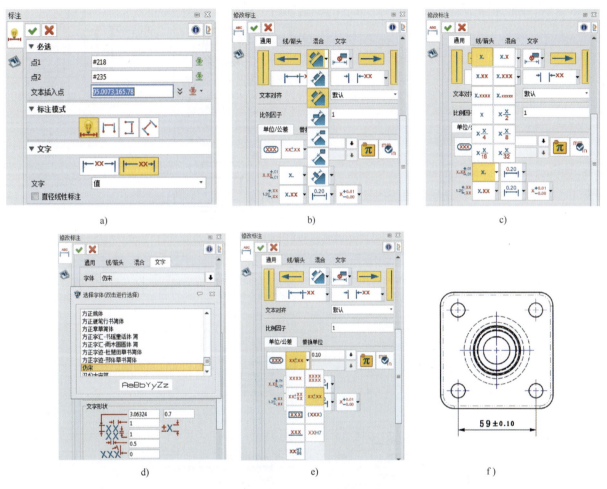

图5-8 标注尺寸和修改公差

步骤 02 打开"标注"菜单栏中的"快速标注" 命令，并在阀盖投影视图上添加尺寸，之后在"标注工具"中设置尺寸精度并添加直径符号，如图5-9所示。

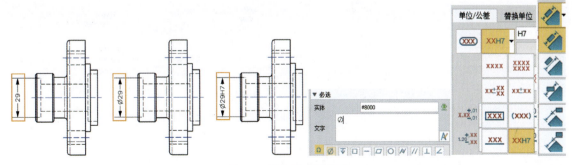

图5-9 添加尺寸和符号

步骤 03 从"标注"菜单栏中选择"形位公差" 形位公差 命令，添加结果如图 5-10 所示。

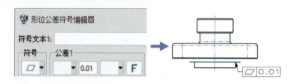

图 5-10 添加几何公差

步骤 04 用与上述相同的方法添加剩余的尺寸和符号，如图 5-11 所示。

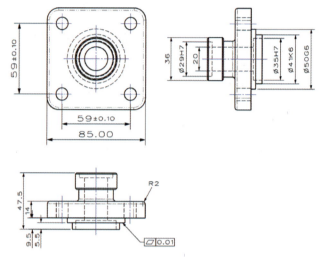

图 5-11 添加剩余尺寸及符号

步骤 05 在"工具"菜单栏下"属性"面板中打开"样式管理器"工具，找到目录的"标注"位置并在"通用"和"文字"标签下进行设置，具体参数如图 5-12 所示。

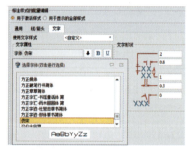

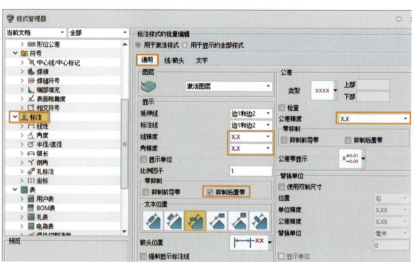

图 5-12 在样式管理器中进行设置

步骤 06 在"绘图"菜单栏中选择"文字" 文字 命令，并插入到标题框中，如图 5-13 所示。

项目五 创建零件与装配工程图

图 5-13 标题框更新结果

任务 5.2 创建产品装配工程图

阀盖的零件工程图创建结束后，这一节将通过球阀装配案例介绍装配工程图的创建过程。图 5-14 是球阀装配图的最终状态。

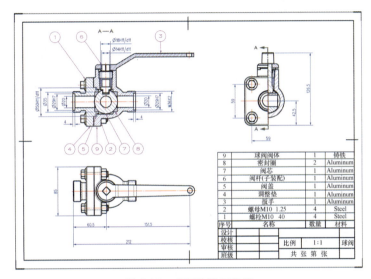

图 5-14 球阀装配工程图

5.2.1 创建视图

创建视图

步骤 01 打开球阀装配文件，右击绘图区空白处，选择"2D 工程图"选项，然后选择"A3_H（ANSI）"作为模板，如图 5-15 所示。

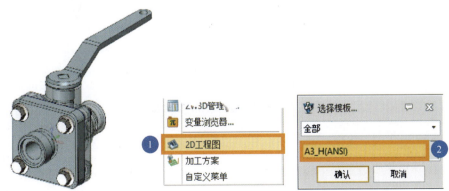

图 5-15 创建球阀装配工程图

步骤 02 在"布局"菜单栏下选择"标准视图" 标准 命令，视图类型选择"前视图"，然后比例设置为 1∶1.5，如图 5-16 所示。

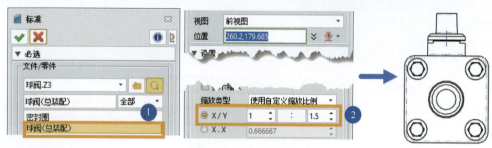

图 5-16　创建球阀前视图

步骤 03　从"布局"菜单栏中选择"局部剖" 局部剖 命令，从前视图创建球阀局部剖视图，步骤及结果如图 5-17 所示。

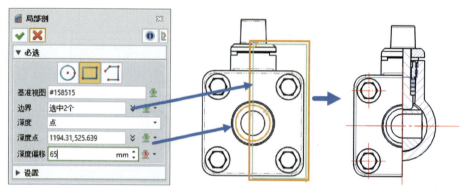

图 5-17　创建球阀局部剖视图

步骤 04　从"布局"菜单栏中选择"全剖视图" 全剖视图 命令，从前视图创建球阀全剖视图，步骤及结果如图 5-18 所示。

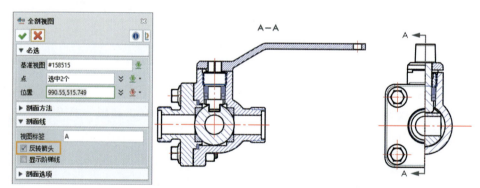

图 5-18　创建球阀全剖视图

步骤 05　从"布局"菜单栏中选择"投影" 投影 命令，从上一步创建的全剖视图创建投影视图，步骤及结果如图 5-19 所示。**注意**：在设置中选择"第一视角"。

5.2.2　添加注释和符号

步骤 01　从"标注"菜单栏中选择"快速标注"工具，并在全剖视图的阀杆上添加直径尺寸，之后从"标注工具"中添加直径符号以及设置尺寸精度，最后使用"修改公差"命令设置尺寸公差，结果如图 5-20 所示。

步骤 02　用与上一步同样的方法标注其他尺寸，并添加相应的符号以及设置要求的精度，结果如图 5-21 所示。

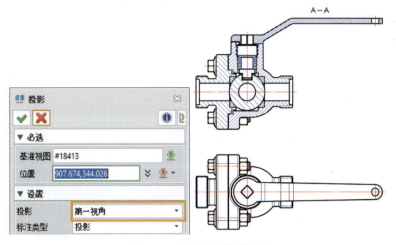

图 5-19 创建球阀投影视图

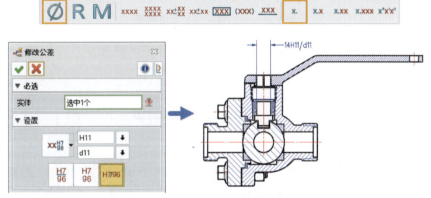

图 5-20 添加尺寸/符号并设置精度

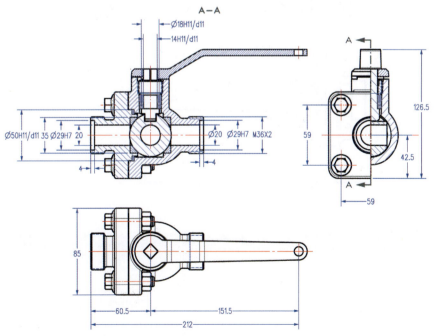

图 5-21 标注剩余尺寸、添加符号、设置精度

步骤 03 在"工具"菜单栏下的"属性"面板中打开"样式管理器"工具，找到目录的"标注"位置并在"通用"和"文字"标签下进行设置，具体参数如图 5-22 所示。

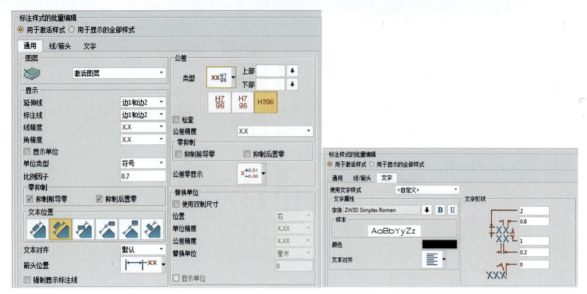

图 5-22　样式管理器中进行设置

步骤 04　对标注尺寸和符号位置进行整理，最终结果如图 5-23 所示。

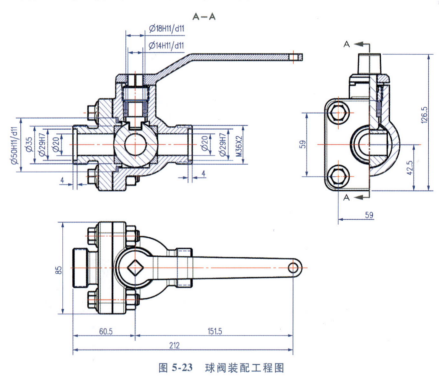

图 5-23　球阀装配工程图

步骤 05　从"标注"菜单栏打开"自动气泡" 自动气泡 工具，在球阀全剖视图上添加气泡，具体设置及结果如图 5-24 所示。

5.2.3　创建 BOM 表

步骤 01　从"布局"菜单栏中选择"BOM 表" BOM表 工具，并选择球阀的全剖视图，然后给表命名并定义表的格式，具体步骤和结果如图 5-25 所示。

步骤 02　选择 BOM 表，系统自动弹出一个工具栏，单击最右边的"更多表格属性"选项，可以设置"文字形状"，参数及结果如图 5-26 所示。

项目五 创建零件与装配工程图

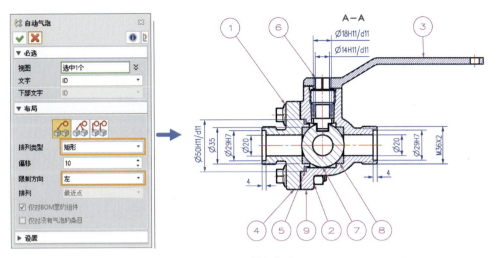

图 5-24 添加气泡

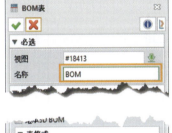

9	球阀阀体	1	铸铁
8	密封圈	2	Aluminum
7	阀芯	1	Aluminum
6	阀杆(子装配)	1	Aluminum
5	阀盖	1	Aluminum
4	调整垫	1	Aluminum
3	扳手	1	Aluminum
2	螺母M10×1.25	4	Steel
1	螺栓M10×40	4	Steel
序号	名称	数量	材料

图 5-25 创建 BOM 表

图 5-26 设置文字形状

步骤 03 调整 BOM 表大小并将其拖到图框右下角位置，如图 5-27 所示。

至此，完成了球阀装配工程图的所有步骤，结果如图 5-28 所示。

115

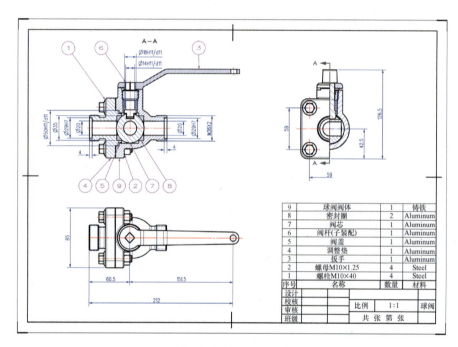

图 5-27 调整 BOM 表大小并调整其位置

图 5-28 球阀装配工程图

项目知识拓展

课题一　工程图概述

创建工程图

1. 2D 工程图中的主要组成

零件的 2D 工程图主要包含以下三个部分：

视图：包含标准视图（俯/仰视图、前/后视图、左/右视图和轴测图）、投影视图、剖视图、局部视图等。

标注：包含尺寸（外形尺寸和位置尺寸）、公差（尺寸公差、几何公差）、基准符号、表面粗糙度和文本注释等。

图纸格式：包含图框、标题栏等。

对于装配工程图，则包含不同视图、装配尺寸、配合尺寸和 BOM 表等。

2. 在中望 3D 中创建新的工程图

在中望 3D 中一共有两种常用的方法创建 2D 工程图，分别如下：

方法一：在建模环境下，在快捷工具栏（DA 快速访问栏）或者在右击图形空白区域插入一个新的"2D 工程图"，然后选择合适的模板，与此同时，在进入工程图环境后，标准视图窗口自动弹出，如图 5-29 所示。

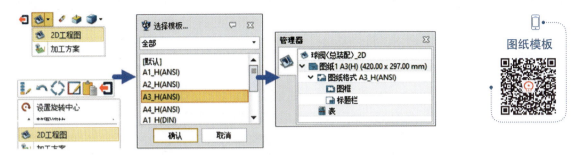

图 5-29　创建新的 2D 工程图（一）

方法二：在 Ribbon 栏单击"添加新文件"+命令，然后在弹出的窗口中选择"工程图"类型并选择好模板，输入工程图名称并单击"确认"按钮，这时一个新的 2D 工程图文件就创建好了，如图 5-30 所示。

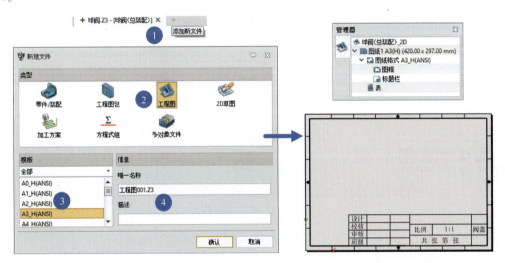

图 5-30　创建新的 2D 工程图（二）

3. 2D 工程图的一般设置

在这一节将介绍 2D 工程图的一些常用设置。

1）单击软件右上角的"配置"选项，在"配置"窗口可以修改一些默认参数，如图 5-31 所示。

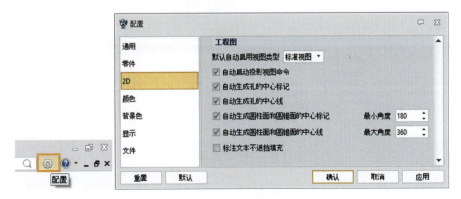

图 5-31　配置

2）单击"工具"菜单栏→"设置"→"参数设置"命令。

通过这个命令可以修改工程图的设置，其中包括单位、质量单位、栅格间距、投影类型和投影公差，如图5-32所示。

3）单击"工具"菜单栏→"属性"→"样式管理器"命令。

通过样式管理器可以自定义图纸样式，图5-33为样式管理器窗口。

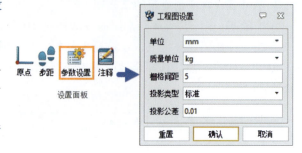

图 5-32　参数设置

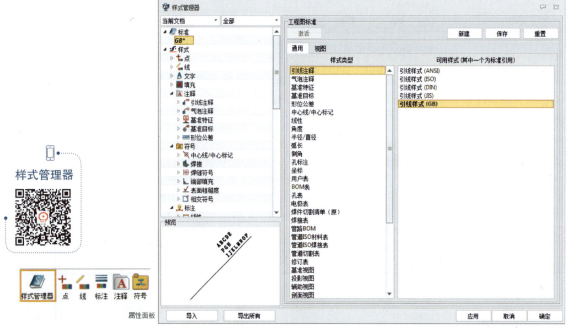

图 5-33　样式管理器

4）在"图纸管理器"中选择图纸1并在右键菜单选择"属性"选项。

图纸属性是用来设置图纸名称、缩放比例、纸张颜色和选中图纸的其他属性，如图5-34所示。

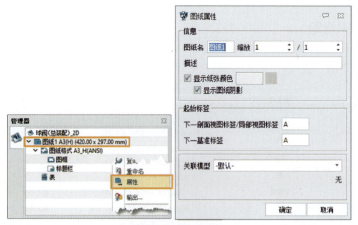

图 5-34　图纸属性

5）单击"图纸管理器"→"图纸格式"，并右击"图纸格式属性"选项。

通过图纸格式属性可以根据不同需求重新定义图纸格式属性，如图5-35所示。

项目五 创建零件与装配工程图

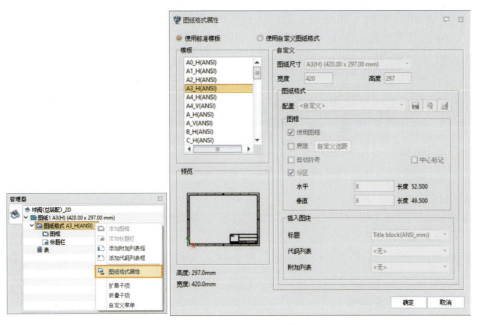

图 5-35 图纸格式属性

课题二 创建工程图

1. 创建标准视图和投影视图

视图包含了标准视图、投影视图、剖视图、局部视图等。这一节将介绍如何创建标准视图。

在中望 3D 中完成新 2D 工程图文件的创建后，标准视图将会被自动激活且打开，也可以从"布局"菜单栏中单击"标准"选项来给 3D 零件创建标准视图，如图 5-36 所示。

在创建标准视图之前，在"文件"→"零件"中选择好零件，然后在"视图"下拉窗口中选择好视图并定义好其他参数，例如缩放比例。

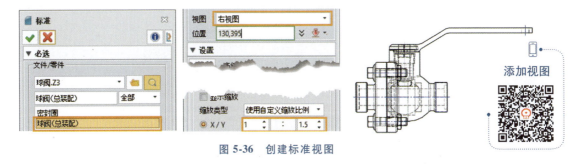

图 5-36 创建标准视图

在创建好标准视图后，可以通过"投影"命令来给已有的标准视图创建投影视图。在创建投影视图之前，需要选择好基准视图和位置，并设置好其他参数，如图 5-37 所示。

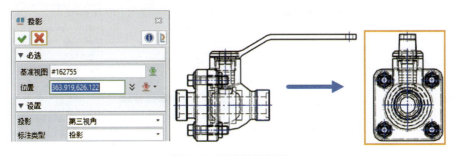

图 5-37 创建投影视图

119

此外，还可以使用"布局"菜单栏下的"布局"命令来创建视图，在"布局"命令中创建视图之前需先定义好布局和其他参数，例如"标签"和"线条"属性，如图 5-38 所示。

图 5-38　通过布局命令创建视图

2. 更改视图属性

在完成视图创建后，有两种不同的方法来重新定义视图属性，分别如下：

方法一：右键菜单。

在零件视图中右击或者选择"图纸管理器"中的视图名称，然后选择"属性"命令来修改视图属性，如图 5-39 所示。

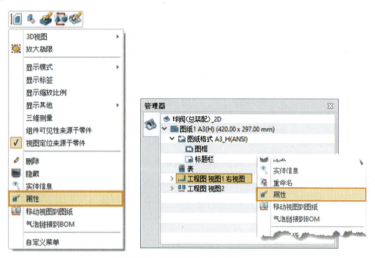

图 5-39　更改视图属性（一）

方法二："布局"菜单栏下的"视图属性"命令。

单击"视图属性"命令并选择视图，然后单击中键确认，如图 5-40 所示。

在视图属性中可以更改以下视图参数：

1）显示消隐线/显示中心线/显示螺纹。

2）显示零件标注/从零件显示文本/选择零件的 3D 曲线/显示 3D 基准点。

3）继承当前视图的 PMI。

4）显示缩放和标签。

5）更改线条属性。

6）设置组件可见性。

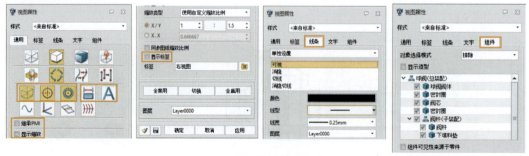

图 5-40　更改视图属性（二）

3. 创建剖视图

在中望 3D 中可以创建多种不同的剖视图，例如全剖视图、对齐剖视图和轴测剖视图。

1）全剖视图：通过定义剖切面位置来创建 3D 布局视图的各种剖视图，当通过两个剖切点定义好组件上的剖切面和视图位置后，全剖视图就完成了。如果选择了多个剖切点则可以创建阶梯剖视图。

在"布局"菜单栏下选择"全剖视图" 全剖视图命令创建阀盖的剖视图 A—A，如图 5-41 所示。

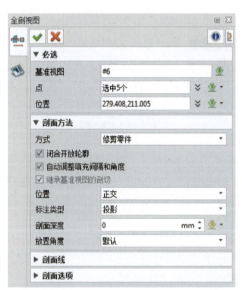

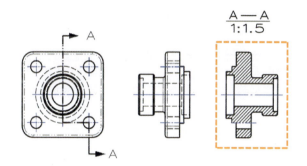

图 5-41 阀盖 A—A 剖视图

图 5-42 展示了两种不同的全剖视图的对比效果。

2）对齐剖视图：通过这个命令可以创建在两个方向上的剖视图，图 5-43 展示了一个对齐剖视图的示例。

3）轴测剖视图：在轴测剖视图中，剖切面需要在零件层级使用"线框"菜单栏下的"剖面曲线"命令定义，并且草图中绘制的剖面曲线必须是开放的，图 5-44 展示了轴测剖视图的示例。

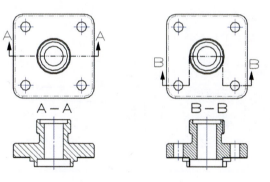

图 5-42 全剖视图对比效果

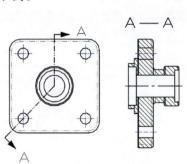

图 5-43 对齐剖视图

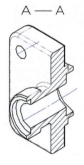

图 5-44 轴测剖视图

4. 设置剖视图属性

在完成视图创建后,可以通过剖视图的右键菜单或者"布局"菜单栏下的"重定义剖面视图"命令来重定义剖视图,如图 5-45 所示。

图 5-45 重定义剖视图

如果想编辑全剖视图创建的剖面线,可以在创建完剖视图后进行编辑。

通过在剖面线右键菜单中单击"插入阶梯"命令,如图 5-46 所示,选择阶梯点的插入点并将阶梯点拖放到合适的位置完成新的剖切平面。

如果想改变剖视线的方向,可以在剖面线的右键菜单中选择"反转方向"命令,如图 5-47 所示。

图 5-46 插入阶梯   图 5-47 反转方向   图 5-48 "标注"面板

5. 创建尺寸

在完成视图创建和修改后的下一步是给视图添加尺寸。在中望 3D 中可以使用快速尺寸标注或者其他尺寸工具来创建需要的尺寸,"标注"面板如图 5-48 所示。

图 5-49~图 5-51 展示了添加常规尺寸的例子。

此外,对于孔的尺寸,可以使用"孔标注"命令来给一个或多个孔创建尺寸,首选选中布局视图,然后选择孔并插入孔标注。

图 5-52 展示了添加孔标注的示例。

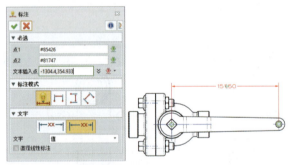 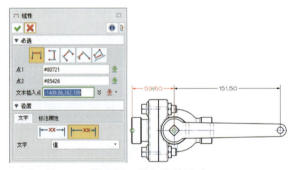

图 5-49 添加快速尺寸   图 5-50 添加线性尺寸

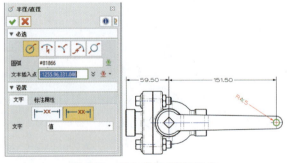 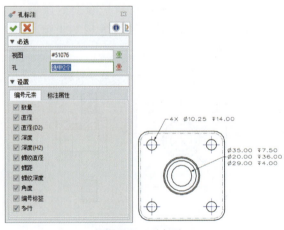

图 5-51 添加半径/直径尺寸   图 5-52 孔标注

6. 添加公差

在中望 3D 中有多种方法来添加公差,可以使用"标注"菜单栏下的"修改公差"命令或者右击尺寸然后选择"修改公差"命令来修改公差,如图 5-53 所示。

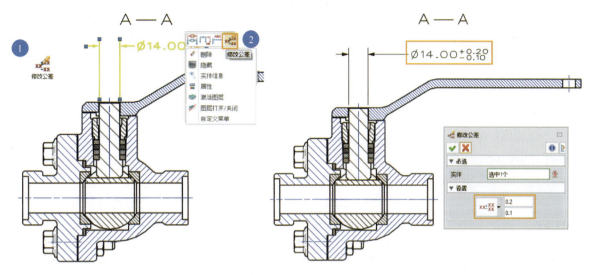

图 5-53 修改公差

同样可以右击菜单栏的空白区域,然后打开"标注工具"来修改公差,图 5-54 展示了使用此方法的步骤。

图 5-54 用标注工具修改公差

通过使用标注工具,可以简单快速地给视图添加尺寸并添加公差或精度。

如果想添加公差带,可以在"修改公差"窗口中选择"公差带"类型,然后打开"公差查询"窗口去选择合适的公差带,如图 5-55 所示。

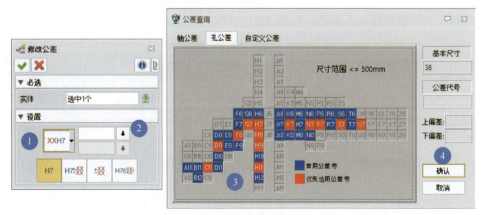

图 5-55 公差查询

7. 注释和符号

图 5-56 展示了中望 3D 中的注释和符号工具。

图 5-56 注释和符号工具

下面介绍注释和符号面板中最常用的工具。

1）中心标记/中心线/中心标记圆。

通过"中心标记"命令可以给圆弧和圆添加中心标记，如图 5-57 所示。

通过"中心线"命令可以给圆和圆弧添加中心线，如图 5-58 所示。

图 5-57 中心标记

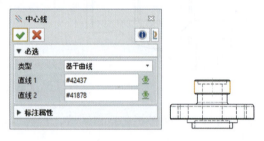

图 5-58 中心线

通过"中心标记圆"命令可以生成一个指向圆形阵列中心的中心线，如图 5-59 所示。

2）基准特征。

通过"基准特征"命令可以创建基准标签，如图 5-60 所示。

图 5-59 中心标记圆

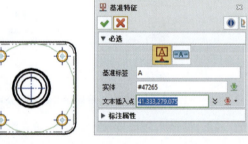

图 5-60 基准特征

3）几何公差。

通过此命令可以创建几何公差符号，如图 5-61 所示。

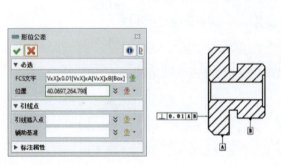

图 5-61 几何公差

4）表面粗糙度。

表面粗糙度代表了零件表面的加工质量，因此在 2D 视图中需要选择一条边来定义平面的表面粗糙度符号，如图 5-62 所示。

5）注释。

通过此命令可以手动创建注释标签，如图 5-63 所示。

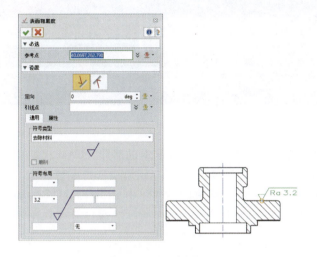

图 5-62　表面粗糙度　　　　　　　　　图 5-63　注释标签

8. 创建 BOM 表

在"布局"菜单栏下选择"BOM 表"命令，然后选择视图来创建 BOM 表并为 BOM 表创建名称。

图 5-64　创建 BOM 表

以下为 BOM 表层级中最常用选项的含义：

仅顶层：仅列举出零件和子装配，但是不列举出子装配零部件。

仅零件：列举所有的零件，包括子装配的零件，但是不列举子装配，子装配零部件作为单独项目。

在表格式中可以使用左、右箭头添加或删除选定的属性，也可以使用上、下箭头调整属性的排列顺序，如图 5-65 所示。

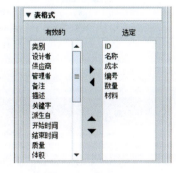

图 5-65　表格式

项目六

多轴数控加工程序编制

机械零件的多轴数控加工程序编制是计算机辅助制造（CAM）过程中最基本的部分，CAM 模块中使用的零件可以是实体或者面，也可以是两者混合，既可以使用中望 3D 的 CAD 模块创建零件，也可以导入一个由其他 3D 建模软件（如 NX、SolidWorks、CATIA 等）生成的零件。中望 3D CAM 多轴模块提供了 2~5 轴分度铣削功能和联动加工功能，CAM 模块加工命令如图 6-1 所示。通过分度铣削功能，用户可以通过一次装夹轻松铣削复杂零件的多个面。通过 5 轴的联动，用户可以加工倾斜表面和倒钩面。

任务学习目标

1. 能够进行二维偏移快速铣削、平行铣削加工程序编制。
2. 能够进行三维偏移、驱动线、三维流线、等高线、角度限制切削加工程序编制。
3. 能够进行 5 轴平面平行切削、侧刃切削、驱动线切削、流线切削、分层切削加工程序编制。

图 6-1 CAM 模块加工操作面板上的命令

典型工作任务

使用中望 3D 软件进行机械零件的多轴数控加工程序编制。

任务 6.1 创建二维偏移快速铣削粗加工刀轨

当开始新的 3 轴快速铣削编程时，第一步是评估制造模型，以便对如何简化复杂模型有一个大致的了解；然后定义合适的粗加工、残料粗加工、精加工工序并生成合适的刀轨。应验证刀轨以避免工件损坏并确保高质量加工；最后指定合适的后处理器将刀轨转换为用于制造的 NC 代码。

步骤 01　打开"Roughing.Z3"文件，双击"3X_CAM"对象进入 CAM 环境。

步骤 02　单击"加工系统" 文件(F) 加工系统 中的"添加坯料" 命令，添加一个零件的坯料（所有的设置都是默认定义的）。

步骤 03　单击"是"按钮隐藏坯料。

步骤 04　单击"3轴快速铣削"粗加工工序中的"二维偏移" 二维偏移 命令。

步骤 05　双击"特征"定义一个零件或者坯料，然后单击"确定"按钮完成定义，如图 6-2 所示。

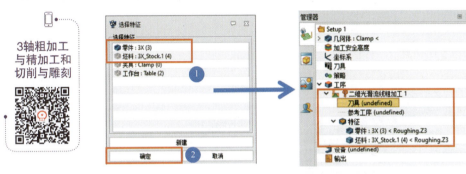

图 6-2　定义加工特征

步骤 06　在弹出的"刀具"对话框中将"名称"设为"D10R0"，并将"半径（R）"更改为"0"，如图 6-3 所示。

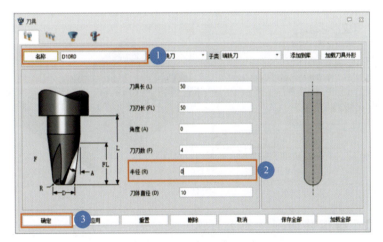

图 6-3　定义刀具

步骤 07　单击"确定"按钮计算粗加工刀轨，如图 6-4 所示。

步骤 08　计算后，将生成如图 6-5 所示的二维偏移粗加工刀轨。

图 6-4　刀轨计算

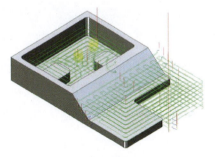

图 6-5　二维偏移粗加工刀轨

127

任务 6.2 创建平行铣削精加工刀轨

精加工的目的不同于粗加工。粗加工侧重于快速去除多余的材料,因此它将使用大的步距和刀具。但精加工注重尺寸精度和表面质量,它将使用高速、小步距和合适的刀具来确保高加工质量。平行铣削操作会先在 XY 平面上创建一组平行的刀轨,然后将其投射到 3D 模型的曲面,适用于浅层区域的精加工。

步骤 01　打开"Lace.Z3"文件并进入 CAM 环境。

步骤 02　单击"3 轴快速铣削"中的"平行铣削"精加工工序,如图 6-6 所示。

图 6-6　平行铣削操作

步骤 03　在"CAM 管理器"中指定特征(零件和轮廓 1),如图 6-7 所示。

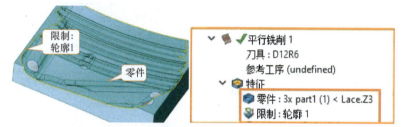

图 6-7　指定特征

步骤 04　指定一把刀具(D12R6),然后使用默认设置计算刀轨,如图 6-8 所示。

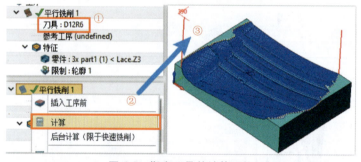

图 6-8　指定刀具并计算刀轨

任务 6.3 创建三维偏移切削精加工刀轨

三维偏移切削将在整个零件上生成具有一致的三维步距并遵循零件轮廓或 3D 边界轮廓的刀轨。如果未指定边界轮廓,中望 3D 将使用零件轮廓作为基础来偏移并生成整个刀轨。

步骤 01　打开"CAM_TM_Model.Z3"文件并进入 CAM 环境。

步骤 02　单击"3 轴快速铣削"中的"三维偏移切削"精加工工序,如图 6-9 所示。

图 6-9　三维偏移切削操作

步骤 03　在"CAM 管理器"中指定特征(零件和轮廓 1),如图 6-10 所示。

步骤 04　在"CAM 管理器"中指定一把刀具(D8R4)并设置步进绝对值为 5mm,如图 6-11 所示。

步骤 05　计算刀轨,如图 6-12 所示。

项目六　多轴数控加工程序编制

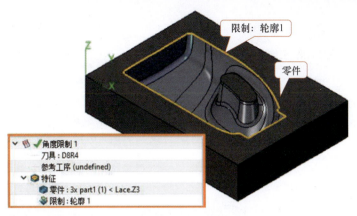

图 6-10　指定特征

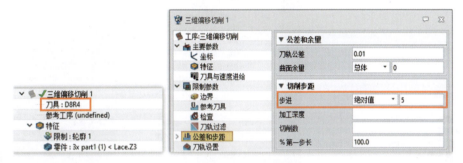

图 6-11　指定刀具和步进

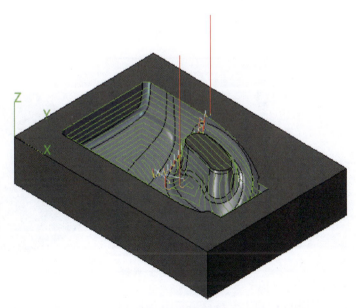

图 6-12　计算刀轨

任务 6.4　创建驱动线切削刀轨

驱动线切削工序将引导轮廓投射到模型上以生成刀轨，它可以通过定义切削数来偏移两侧的轮廓以生成刀轨。

步骤 01　打开 "Drivecurve.Z3" 文件并进入 CAM 环境。

步骤 02　单击 "3 轴快速铣削" 中的 "驱动线切削" 工序，如图 6-13 所示。

步骤 03　在 "CAM 管理器" 中指定特征（零件），如图 6-14 所示。

129

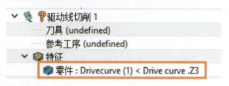

图 6-13 驱动线切削操作　　　　　　　　图 6-14 指定特征-零件

步骤 04　将"特征（轮廓1）"设定为"驱动曲线"，如图 6-15 所示。

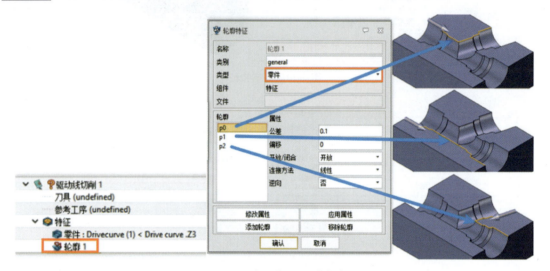

图 6-15 定义特征-驱动曲线

步骤 05　将"特征（轮廓2）"类型设定为"限制"，如图 6-16 所示。

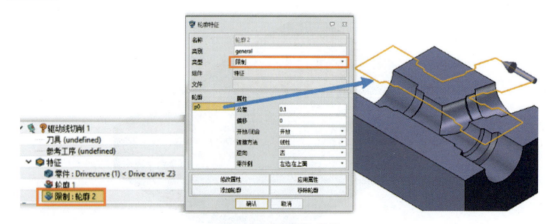

图 6-16 定义特征-限制

步骤 06　指定刀具（D18R9）和相关参数，如图 6-17 所示。

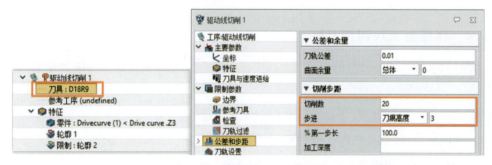

图 6-17 指定刀具和相关参数

步骤 07　计算刀轨，如图 6-18 所示。

任务 6.5　创建三维流线切削刀轨

三维流线切削工序通过改变一对引导轮廓件的方式来生成一组具有一致的三维步距的刀轨。引导轮廓可以是开放的或封闭的。

步骤 01　打开"Flow_3D.Z3"文件并进入 CAM 环境。

步骤 02　单击"3 轴快速铣削"  中的"三维流线切削"工序，如图 6-19 所示。

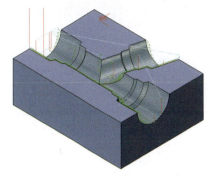

图 6-18　计算刀轨

步骤 03　在"CAM 管理器"中指定特征（零件），如图 6-20 所示。

图 6-19　三维流线切削工序　　　　图 6-20　指定特征-零件

步骤 04　指定特征（引导轮廓），如图 6-21 所示。

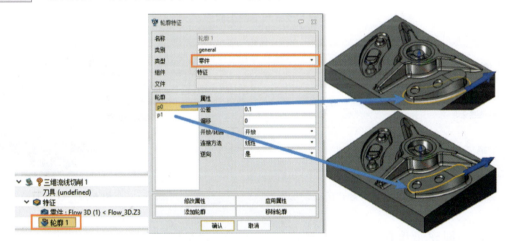

图 6-21　指定特征-引导轮廓

步骤 05　指定刀具（直径为 2mm 球头铣刀），如图 6-22 所示。

步骤 06　计算刀轨，如图 6-23 所示。

图 6-22　指定刀具

图 6-23　计算刀轨

任务 6.6　创建等高线切削刀轨

等高线切削操作会生成一组 Z 轴方向的轮廓刀轨，适用于陡峭区域的精加工。

步骤 01 打开"CAM_TM_Model.Z3"文件并进入 CAM 环境。

步骤 02 单击"3 轴快速铣削"中的"等高线切削"工序，如图 6-24 所示。

图 6-24 等高线切削工序

步骤 03 在"CAM 管理器"中指定特征（零件和轮廓 1）和刀具（D8R4），如图 6-25 所示。

步骤 04 指定陡峭区域的角度范围以生成等高线切削刀轨，如图 6-26 所示。

步骤 05 计算刀轨，如图 6-27 所示。

图 6-25 指定特征和刀具

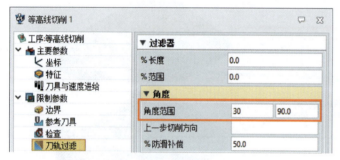

图 6-26 指定角度范围

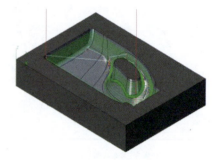

图 6-27 计算刀轨

任务 6.7 创建角度限制精加工刀轨

角度限制工序是一个复合工序。它将根据用户设置的陡峭角度值来区分平坦区域和陡峭区域，然后为这些区域分配适当的刀具路径模式。平行铣削、三维偏移切削或高速平行铣削工序用于平坦区域，等高线切削用于陡峭区域，以便通过一次操作在零件上获得均匀的表面光洁度。

步骤 01 打开"CAM_TM_Model.Z3"文件并进入 CAM 环境。

步骤 02 单击"3 轴快速铣削"中的"角度限制"工序，如图 6-28 所示。

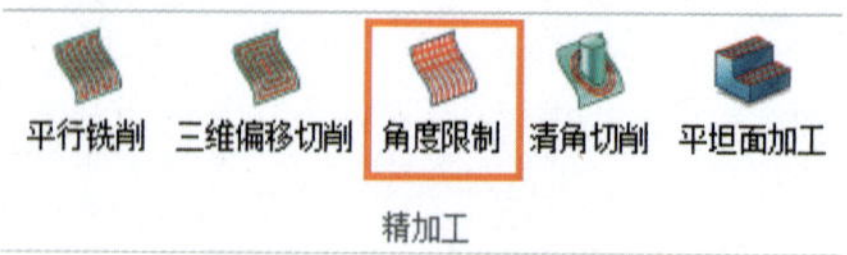

图 6-28 角度限制工序

步骤 03 在"CAM 管理器"中指定特征（零件和轮廓 1）和刀具（D8R4），如图 6-29 所示。

图 6-29 指定特征和刀具

步骤 04　为"平坦区域"和"陡峭区域"指定刀轨样式,然后指定"陡峭角度",如图6-30所示。

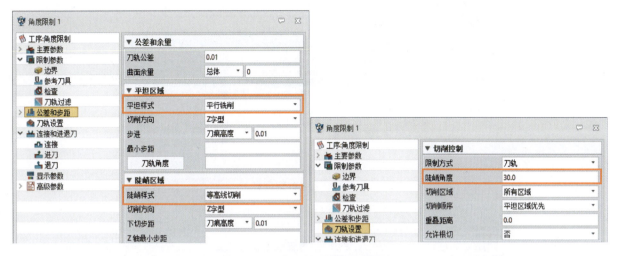

图 6-30　指定刀轨样式和陡峭角度

步骤 05　计算刀轨,如图6-31所示。

任务 6.8　5轴平面平行切削加工曲面工件

曲面零件5轴切削加工

　　5轴平面平行切削是根据用户给定的一系列平行线生成刀轨。这些平行线与局部坐标系的 X 轴呈一定夹角,并且可以影响生成刀轨的刀尖位置和接触点。用户可以将刀轴限定在某个平面内(即4轴加工),也可以指定刀轴为某个方向(即3轴加工)。

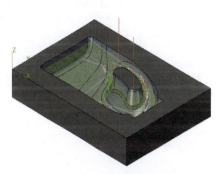

图 6-31　计算刀轨

步骤 01　打开案例零件"5XPlaneCut.Z3"文件,5轴平面平行切削工序只需使用普通的工件曲面,即可生成刀轨,工件曲面如图6-32所示。

1)定义通用曲面,如图6-33所示。
2)使用默认参数计算工序得到刀轨,如图6-34所示。

步骤 02　设置其工序参数。

1)主要参数设置如图6-35所示。
2)刀轨参数设置如图6-36所示。

图 6-32　平面切削练习工件

图 6-33　定义5轴切削通用平面

图 6-34　计算5轴平面切削刀轨

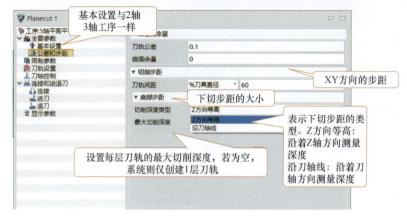

图 6-35 主要参数设置

图 6-36 刀轨参数设置

3）刀轴控制参数设置如图 6-37 所示。

> **说明：**
> 固定轴：刀轴由前倾、侧倾角度定义，这两个角度根据刀轨前进方向确定。当这两个角度都设成 0° 时，刀轴与局部坐标系的 Z 轴方向相同，如图 6-38 所示。

 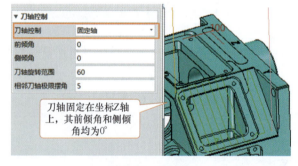

图 6-37 刀轴控制参数设置　　　　　　　　图 6-38 固定轴

> 刀尖控制：刀轴方向由刀尖点所在的曲面法向和前进方向共同决定，当前倾角和侧倾角都为 0° 时，刀轴与曲面法向相同，如图 6-39 所示。
> 接触控制：刀轴方向由刀触点所在的曲面法向和前进方向共同决定，当前倾角和侧倾角都为 0° 时，刀轴与曲面法向相同，如图 6-40 所示。
> 4 轴刀尖控制：如图 6-41 所示设置 4 轴平面法向参数。
> 4 轴接触控制：同样需要设置 4 轴平面法向。
> 1）前倾角：刀轴与刀轨前进方向的夹角，如图 6-42 所示。
> 2）侧倾角：刀轴与刀轨前进平面的夹角。正值表示向右倾，负值表示向左倾，如图 6-43 所示。

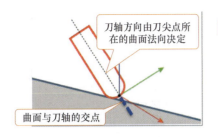
图 6-39　刀尖控制

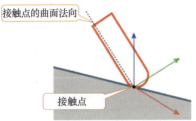
图 6-40　接触控制

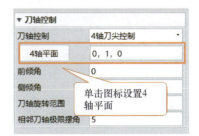
图 6-41　4 轴刀尖控制

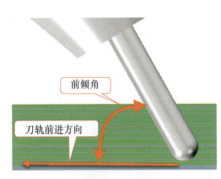
图 6-42　前倾角

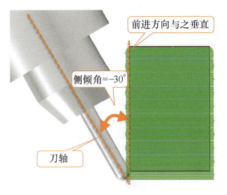
图 6-43　侧倾角

任务 6.9　5 轴侧刃切削加工叶轮叶面

5 轴侧刃切削工序利用控制曲面来计算刀轨。驱动面定义了刀轴方向，而且刀具侧刃与它一直保持接触。刀具接触点由底控制面控制。这里将会使用 5 轴侧刃切削工序来加工此叶轮，如图 6-44 所示，详细程序编制步骤如下：

步骤 01　打开案例零件"5X_impeller.Z3"，如图 6-45 和图 6-46 所示定义 5 轴的驱动面和 5 轴零件曲面。

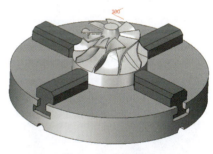
图 6-44　叶轮零件

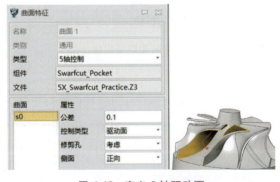
图 6-45　定义 5 轴驱动面

图 6-46　定义 5 轴零件曲面

步骤 02　创建刀具和设置工序参数。创建一把直径为 2mm 的球头铣刀，然后如图 6-47～图 6-50 所示设置工序参数。

步骤 03　计算得到图 6-51 所示侧刃刀轨。

步骤 04　使用坐标变换切削功能来阵列刀轨。按图 6-52 所示设置变换工序参数，完成的结果如图 6-53 所示。

步骤 05　通过仿真功能来验证刀轨的正确性，如图 6-54 所示。

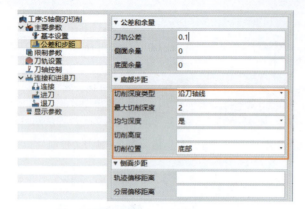

图 6-47　定义主要参数

图 6-48　刀轨参数设置

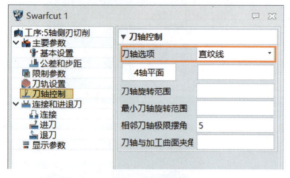

图 6-49　定义刀轴控制

图 6-50　进刀和退刀设置

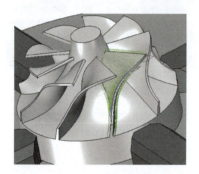

图 6-51　侧刃刀轨

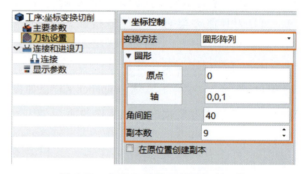

图 6-52　绕着 Z 轴阵列侧刃切削刀轨

图 6-53　完成叶片的侧刃切削

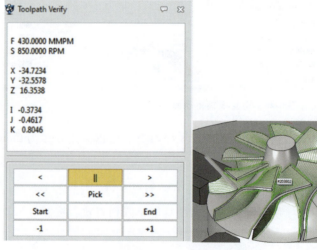

图 6-54　侧刃切削刀轨仿真

步骤 06　保存文件后会发现叶片部分已经完成加工，将继续在此叶轮文件上继续创建刀轨，最后当完成整个任务后，整个叶轮零件的加工也将完成。

任务 6.10　5 轴驱动线切削加工牙槽

5 轴驱动切削是通过 3D 驱动曲线来生成刀轨。刀具沿着驱动线切削工件表面。本工序与 5 轴平面平行切削工序使用相同的轴控制功能，其余参数也十分类似，下面以牙槽零件切削加工为例，如图 6-55 所示，详细的程序编制步骤如下。

步骤 01　创建驱动线。打开"DriveCut_ISOCut_HelicalGear.Z3"文件，使用"3D 中间曲线"命令，如图 6-56 所示。

图 6-55　牙槽零件

选择底面曲线作为输入曲线，成功创建 3D 中间曲线后，进入 CAM 环境创建驱动线，如图 6-57 所示。

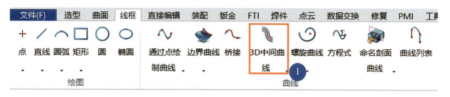

图 6-56　3D 中间曲线命令

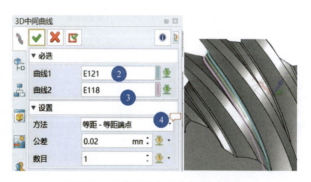

图 6-57　创建 3D 中间曲线输入曲线

步骤 02　定义驱动线和工件曲面，如图 6-58 和图 6-59 所示。

步骤 03　创建锥形刀具，如图 6-60 所示。

步骤 04　设置加工参数。由于大部分参数都与之前介绍的 5 轴平面平行切削工序和 5 轴侧刃切削工序相似，所以这里只选取一些特殊的参数来介绍，其他参数设置如图 6-61～图 6-64 所示。

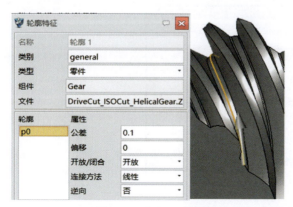

图 6-58　定义驱动线

图 6-59　定义零件曲面

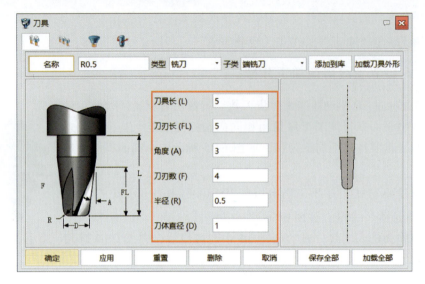

图 6-60 锥形刀具参数设置界面

（1）主要参数设置
（2）刀轨参数设置

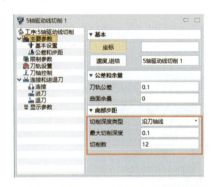

图 6-61 5 轴驱动线主要参数设置界面

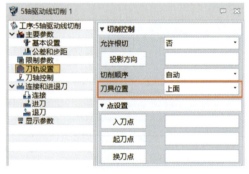

图 6-62 5 轴驱动线刀轨参数设置界面

刀具位置：包括上面、左、右和球心。

·上面：任何轮廓特征中定义的曲线偏移量将被忽略。

·左、右：从 Z 轴往下看，切削刀具沿着每个驱动曲线的相应左侧（或右侧）。左侧或右侧偏移量等于轮廓特征曲线偏移量加上刀具半径偏移量之和。

·球心：刀具的球心在驱动曲线上。

（3）刀轴控制参数设置

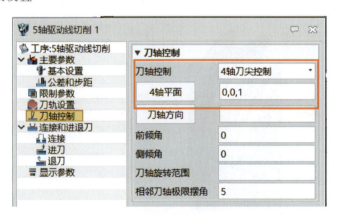

图 6-63 5 轴驱动线刀轴控制参数设置界面

(4) 连接和进退刀参数设置

步骤 05 计算刀轨。计算得到图 6-65 所示的刀轨，到目前为止完成了使用 5 轴驱动线切削工序加工牙槽。

图 6-64 连接和进退刀参数设置界面

图 6-65 轴驱动线刀轨

任务 6.11　5 轴流线切削加工叶轮端面和轮毂

5 轴流线切削工序需要 5 轴侧刃切削或 5 轴驱动线切削工序作为参考工序。这两个切削工序将起流线作用。侧刃切削或驱动线切削也可以有多种深度。中望 3D CAM 模块将选择两次底层切削作为流线。

当任务 6.9 介绍 5 轴侧刃切削工序时，已经创建了图 6-66 的加工刀轨。接下来将分别以 5 轴侧刃切削和 5 轴驱动线切削作为参考工序创建 5 轴流线切削工序，刀轨如图 6-67 所示。

➢ 第一部分：参考 5 轴侧刃切削工序。

步骤 01 另创建 5 轴侧刃切削工序。再次打开 "5X_Impeller.Z3" 文件，在叶轮底部创建另一个 5 轴侧刃切削工序，刀轨如图 6-68 所示。

步骤 02 以 5 轴侧刃切削工序为参考工序创建 5 轴流线切削工序。

1）定义普通零件曲面，如图 6-69 所示。

2）选择侧刃切削工序作为参考工序，如图 6-70 所示。

图 6-66　5 轴叶轮侧刃切削刀轨

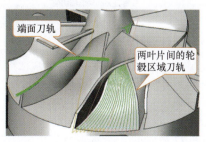

图 6-67　叶轮端面和轮毂加工刀轨

图 6-68　底部侧刃切削刀轨

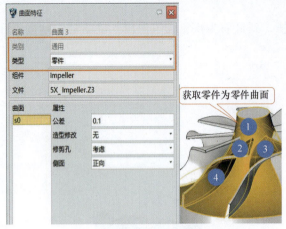
图 6-69 定义 5 轴流线切削零件曲面

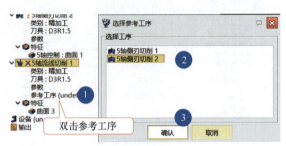
图 6-70 设置参考工序

3）选择刀具：直径 3mm 的球头铣刀。

4）设置加工参数，如图 6-71 和图 6-72 所示。

图 6-71 主要参数

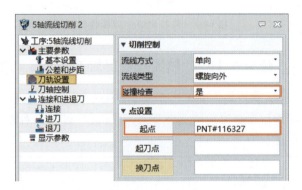
图 6-72 刀轨设置

- 碰撞检查：选择"是"打开碰撞检查，检查刀具是否与工件发生碰撞。
- 起点：如图 6-73~图 6-75 所示设置切削的起点及参数。

步骤 03 计算并得到如图 6-76 的刀轨。

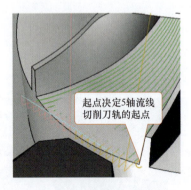
图 6-73 5 轴流线切削起点

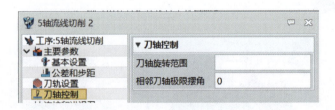
图 6-74 刀轴控制参数

➢ 第二部分：参考 5 轴驱动线切削工序。

创建 5 轴流线切削工序加工图 6-77 所示叶片端面，为了让刀轨覆盖整个叶片端面，需要创建一个辅助面用于生成刀轨。

项目六 多轴数控加工程序编制

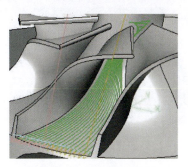

图 6-76　5 轴流线刀轨

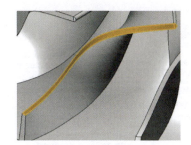

图 6-75　连接和进退刀

图 6-77　叶片端面

可以从"5X_impeller"里把辅助面加入进来，如图 6-78 和图 6-79 所示。

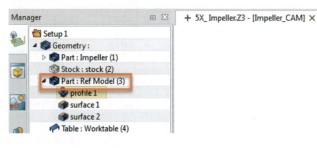

图 6-78　5 轴流线辅助面

图 6-79　辅助面零件

现在开始基于辅助面创建刀轨。

步骤 01　把辅助面定义成普通曲面，并且定义驱动曲线。如图 6-80 和图 6-81 所示。

步骤 02　选择直径为 3mm 的球头铣刀创建如图 6-82 所示的刀轨。

步骤 03　创建 5 轴流线切削。

1）添加特征和参考工序，如图 6-83 所示。

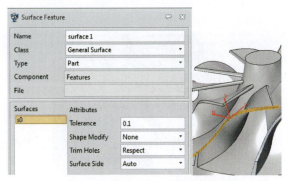

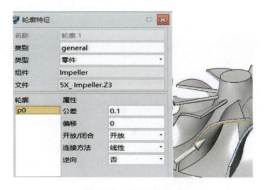

图 6-80　把辅助面定义为普通曲面

图 6-81　定义驱动线

141

图 6-82 5 轴驱动线刀轨

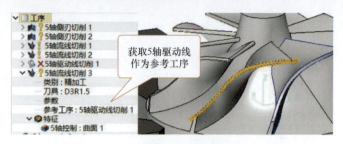
图 6-83 把 5 轴驱动线工序定义为参考工序

2）设置加工参数，如图 6-84~图 6-86 所示。

图 6-84 主要参数设置

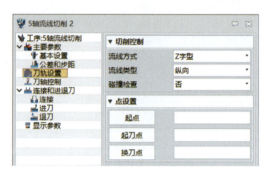
图 6-85 刀轨参数设置

图 6-86 连接和进退刀参数设置

3）计算得到图 6-87 所示的刀轨。可以把刀轨进行阵列，得到图 6-88 所示结果。完成后把辅助面隐藏起来并且保存文件。

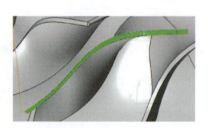
图 6-87 5 轴流线切削端面刀轨

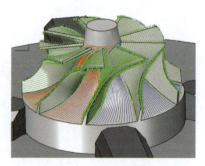
图 6-88 加工叶轮的刀轨

任务 6.12　5 轴分层切削加工叶轮轮毂顶部

图 6-89　5 轴分层切削加工叶轮的上部分

5 轴分层切削工序接受零件或者普通曲面特征为几何图形输入。根据不同的轴控制选项，该工序让用户能将刀具置于各种不同方向，包括与零件成法向或侧切方向，角度为前角、滚动角和斜角。该工序非常适合于以点控制的叶轮顶部加工或复杂型腔精加工，如图 6-89 所示。

步骤 01　创建 5 轴分层切削工序。打开"5X_Impeller.Z3"文件，创建 5 轴分层切削工序并且定义曲面为通用曲面，如图 6-90 所示。

说明：通常定义一个普通曲面就可以创建 5 轴分层切削工序。

步骤 02　设置加工参数。

1）设置主要参数，如图 6-91 所示。

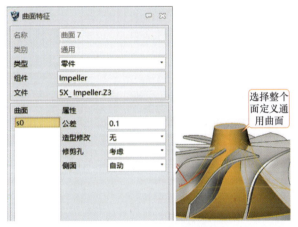

图 6-90　定义 5 轴分层通用曲面

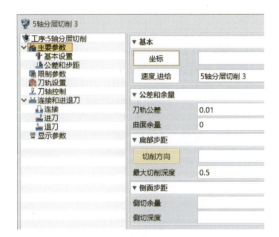

图 6-91　设置主要参数

2）设置限制参数，如图 6-92 所示。

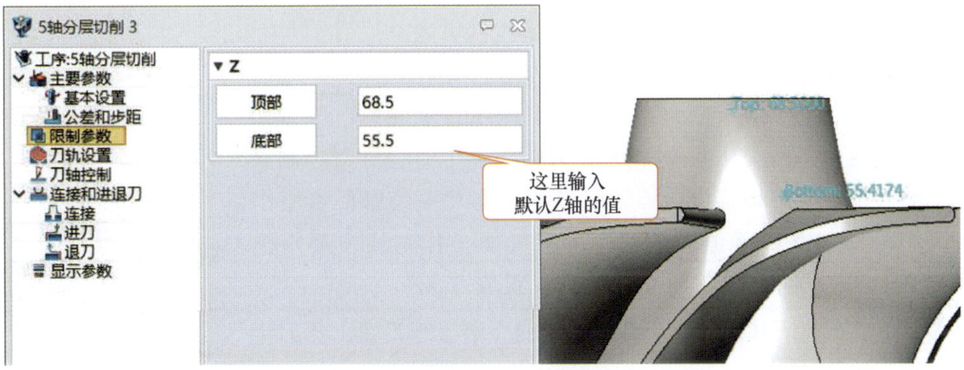

图 6-92　设置顶部和底部

3）设置刀轨参数，如图 6-93 所示。

- 允许根切：如果设置为"是"，则中望 3D CAM 将自动定向刀轴，使得刀具可能到达任何根切区域。
- 切削区域：此参数决定了要加工哪些区域，包括"仅内腔""仅外部"或"全部区域"选项。

全部区域：表示将会加工目标表面或零件所有的区域。

仅内腔：表示仅加工内腔，需要结合刀轴控制中的"控制点"选项使用。

仅外部：仅加工零件外部区域。

- 启用螺旋形铣削：选择刀轨的样式是否为螺旋形。

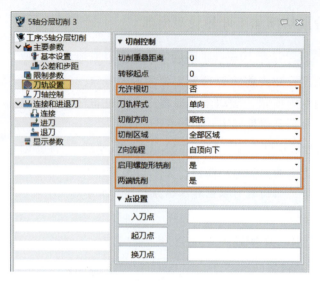

图 6-93 设置刀轨参数

4）设置刀轴控制参数，如图 6-94 所示。

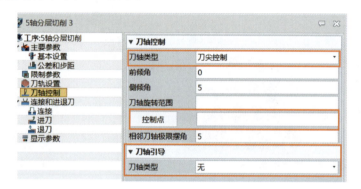

图 6-94 设置刀轴控制

·刀轴类型：本工序提供 2 种以上刀轴类型控制方法：

刀尖分层切削：刀尖决定刀轴方向，刀具与零件面相切。

触点分层切削：刀触点决定刀轴方向，刀具与零件面相切。

·控制点：此参数仅用于加工内腔时，刀轴在加工时会穿过控制点。

·刀轴引导：5 轴分层切削中，刀轴引导尝试定义一些原形类型作为引导面，该引导面与 5 轴等值线切削中的引导面一样。其主要用于加工内腔（与驱动曲线类似）。这里暂时把它设置成"无"。

步骤 03 生成刀轨。其余参数请参考之前的介绍自行设置，然后生成图 6-95 所示的刀轨，保存文件。到目前为止，已经完成了叶轮的加工。

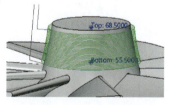

图 6-95 5 轴分层切削刀轨

项目知识拓展

课题一 输出 FANUC 数控机床 NC 代码

中望 3D 有两种方式生成 NC 文件。

方式 1：从"工序"中创建 NC 文件，如图 6-96 所示。

拓展知识：

车削加工　　孔加工

步骤01 右击选择 CAM 管理器中"工序"选项。

步骤02 选择要输出的方式。

创建全部的输出：创建一个包含所有工序的输出文件。

创建单独的输出：创建一个单独工序的输出文件。

方式 2：通过"输出"创建 NC 文件，如图 6-97 所示。

步骤01 在 CAM 管理器中右击"输出"选项，选择"插入 NC"选项；或者直接双击文字选择"输出"选项。

步骤02 右击新创建的 NC 文件，然后选择"添加工序"选项添加工序进去。

步骤03 右击新创建的输出 NC 文件，然后选择"输出 CL"或者"输出 NC"去生成 CL/NC 文件。也可以选择"设置"或者双击"NC"来自定义输出设置，如图 6-98 所示。

选择设备：在列表中选择一个之前定义好的设备。

图 6-96 从"工序"中创建 NC 文件

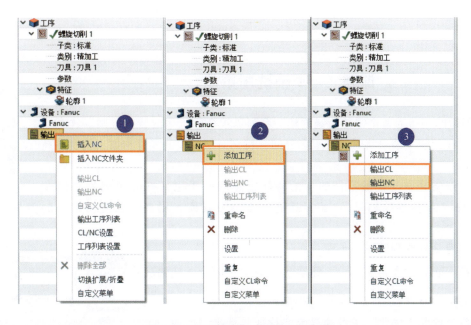

图 6-97 在"输出"中创建 NC 文件

零件 ID：定义零件 ID。

程序名：定义程序名称。

刀轨坐标空间：定义用于生成 NC 文件的坐标系。提供两个选择：设备（全局）和局部。

关联坐标：定义用于创建 NC 文件的局部坐标系。

刀具切换：定义是否允许切换刀具。

速度/进给：定义主轴速度和进给速度是否输出到输出文件中。

刀位号：定义用于输出文件的刀位号。

冷却：使用此选项在输出时替换掉在刀具设置界面设置的冷却方式。

注释：在输出程序的开头定义一个注释。

输出文件：定义输出的路径。

图 6-98 "输出"设置

课题二 2 轴铣削策略

2 轴铣削策略用于为整个零件一键创建一系列基于 2 轴工序的智能规则。这个功能会帮助用户在创建 2 轴刀轨时节省很多时间，特别对于简单的零件和加工精度不高的零件。

2 轴铣削策略会自动检测零件的加工特征，然后基于定义好的规则为它们选择合适的工序（包括参数和刀具）。刀具选型来自刀具库，用户可以使用默认的刀具库或者新建一个。

下面是创建 2 轴铣削策略的步骤：

步骤 01　单击 Ribbon 栏→"2 轴铣削"命令，创建 2 轴铣削策略，它会显示在管理器中，如图 6-99 所示。

步骤 02　右击"特征"或者是双击"特征"选项，添加一个零件进去，如图 6-100 所示。

步骤 03　右击"2 轴铣削策略 1"，然后选择"创建/计算工序"去生成刀轨，如图 6-101 所示。

如何修改策略中的参数？用户可以右击"2 轴铣削策略 1"，然后选择和编辑策略，或者双击"2 轴铣削策略 1"，来查看或编辑设置。调出"2 轴铣削策略管理器"，如图 6-102 所示，用户可以在此定义名称，材料类型，刀具库和策略类型。

图 6-99 创建 2 轴铣削策略

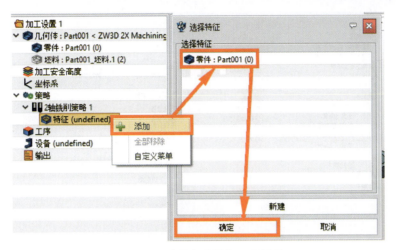

图 6-100　在特征中添加一个零件

图 6-101　生成 2 轴铣削策略刀轨　　　　　图 6-102　2 轴铣削策略管理器

课题三　2 轴铣削工序的典型参数

为工序设置适当的参数是非常重要的，否则计算将无法得到准确的结果。本节将详细介绍典型的 2 轴参数。一些独特的参数类型将在后面的案例研究中进一步讨论。

选择一个工序（例如螺旋铣削工序），然后双击工序螺旋切削 1 或者右击工序螺旋切削 1 或者参数，打开工序参数设置页面，如图 6-103 所示。

主要参数（图 6-103）：

坐标：定义用于刀轨计算的坐标系。

速度/进给：定义此工序的速度/进给值。

刀轨公差：定义刀轨的公差值。

侧面余量：定义加工后侧面剩余的材料厚度。

底面余量：定义加工后底面剩余的材料厚度。

刀轨间距：定义相邻刀轨之间的间距。

下切类型：定义刀具向下移动的方式。

下切步距：定义刀具下切的步距。

限制参数（图 6-104）：

刀具位置：定义刀具是否能够越过边界，如图 6-105 所示。

147

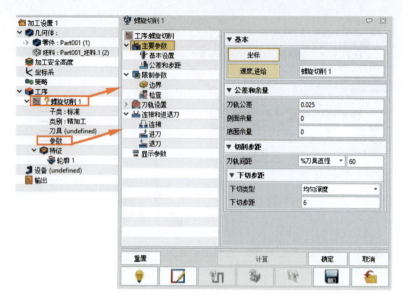

图 6-103 工序参数设置（主要参数）

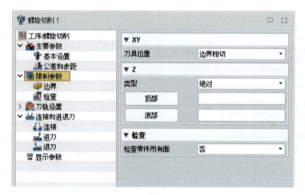

图 6-104 参数设置（限制参数）

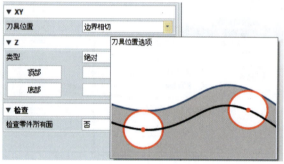

图 6-105 CAM 输入字段提示

类型：定义"顶部"和"底部"的输入值的类型。
顶部/底部：定义工序加工的顶部和底部。
检查零件所有面：定义工序是否考虑零件特征，无论它是否被加到特征中。
提示：将鼠标悬停在任何字段上一秒钟，软件会弹出一张图片来提示。
刀轨设置（图 6-106）：
切削方向：定义刀具移动的方向。
切削顺序：定义切削顺序。
刀轨样式：定义刀轨的移动样式。
允许抬刀：定义是否允许抬刀。
区域内抬刀：定义是否允许区域内抬刀。
刀具补偿：定义生成当前刀轨时是否输出刀轨补偿语句。
清边方式：定义零件边界的清理方式。
清边距离：定义清边后剩余材料的偏移距离。
转角控制：定义刀具改变方向时插入的运动。
入刀点：定义边界上开始切削的首选区域。
连接和进退刀（图 6-107）：
进退刀模式：定义进退刀模式。
连接类型：定义刀具移动到下一个入刀点的连接类型。

项目六 多轴数控加工程序编制

图 6-106 参数设置（刀轨设置）

图 6-107 参数设置（连接和进退刀）

安全高度 Z：如果连接类型是"安全高度平面"，此项定义安全高度平面的高度。

进刀垂直安全距离：为切削刀具定义最安全的提刀距离（在"限制"选项卡中设置的"顶部"上方）。

进刀水平安全距离：定义零件边界和切削刀具之间的距离。

进刀方式：定义进刀方式。

安全距离：定义进刀和退刀时，刀具和实际零件表面最安全的线性距离。

进刀圆弧半径：定义进刀圆弧半径。

进刀重叠：定义为了获得一个平滑零件表面而重叠切削的距离。

课题四 刀具管理

可以在"刀具管理器"中定义刀具或者刀具库，单击 Robbin 栏中"刀具"选项或者在"CAM 管理树"中右击"刀具"选项，打开刀具管理器，如图 6-108 所示。用户可以输入参数创建一把刀具或者直接在刀具库中加载一把刀具，如图 6-109 所示。

图 6-108 打开刀具管理器

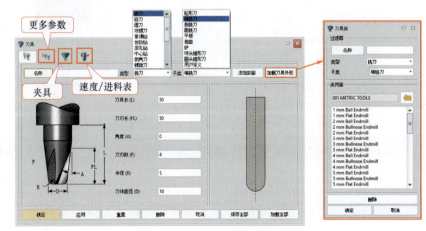

图 6-109 刀具管理器

创建新刀具库的步骤：

步骤 01 创建一个新的加工方案，命名为"刀具库"或者其他想要的名称，如图 6-110 所示。

149

步骤 02　保存这个文件。

步骤 03　打开刀具管理器，然后如图 6-111~图 6-114 所示定义刀具"φ5mm 中心钻"。

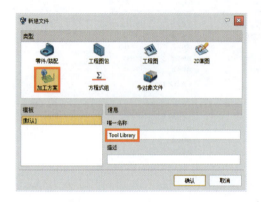

图 6-110　创建一个新的加工方案

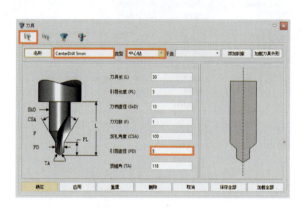

图 6-111　刀具"φ5mm 中心钻"设置（一）

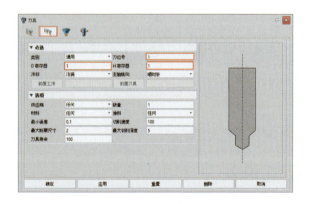

图 6-112　刀具"φ5mm 中心钻"设置（二）

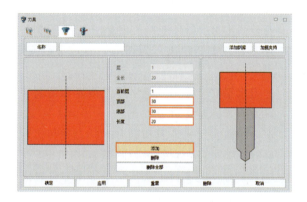

图 6-113　刀具"φ5mm 中心钻"设置（三）

步骤 04　定义好刀具"φ5mm 中心钻"的所有参数之后，单击刀具管理器下方的"保存全部"按钮，然后把所有刀具数据保存到刀具库文件中，如图 6-115 所示。

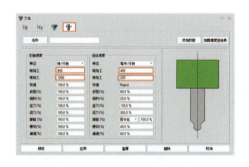

图 6-114　刀具"φ5mm 中心钻"设置（四）

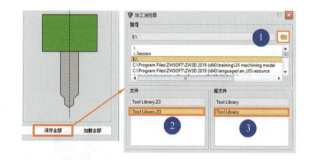

图 6-115　保存刀具"φ5mm 中心钻"

步骤 05　如图 6-116 和图 6-117 所示定义刀具"φ8mm 普通钻"，然后单击"保存全部"按钮。

步骤 06　如图 6-118 和图 6-119 所示定义刀具"φ10mm 普通钻"，然后单击"保存全部"按钮。

步骤 07　如图 6-120 和图 6-121 所示定义刀具"M10×1.25 钻头"，然后单击"保存全部"按钮。

步骤 08　再次保存文件后退出。下次再想使用刚才创建的刀具时，可以打开刀具管理器窗口然后单击"加载刀具外形"或者"加载全部"按钮，如图 6-122 所示。

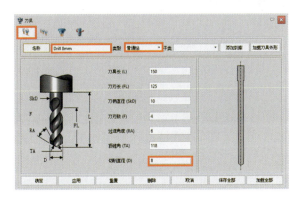

图 6-116　刀具"φ8mm 普通钻"设置（一）

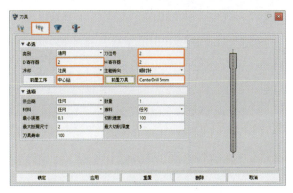

图 6-117　刀具"φ8mm 普通钻"设置（二）

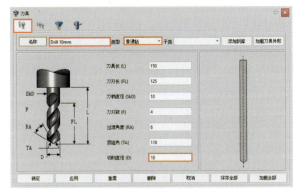

图 6-118　刀具"φ10mm 普通钻"设置（一）

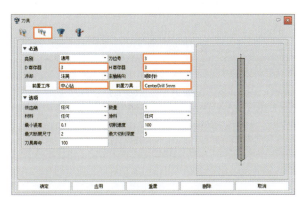

图 6-119　刀具"φ10mm 普通钻"设置（二）

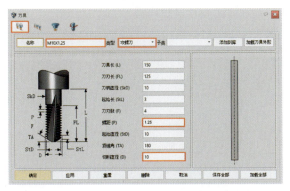

图 6-120　刀具"M10×1.25 钻头"设置（一）

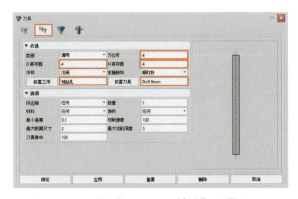

图 6-121　刀具"M10×1.25 钻头"设置（二）

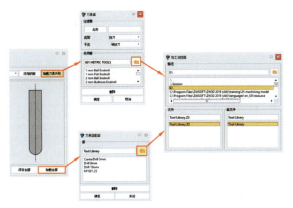

图 6-122　加载刀具库